现实以痛吻我，
XIANSHIYITONGWENWO
我报之以笑
WOBAOZHIYIXIAO

你不勇敢，

没人替你坚强

NIBUYONGGAN

MEIRENTINIJIANQIANG

只要内心足够强大，
你的气场就足够凛然

不要在最好的时光

BUYAOZAIZUIHAODESHIGUANG

错过最好的自己

CUOGUOZUIHAODEZIJI

你努力奔跑的样子
NINULIBENPAODEYANGZI
很美
HENMEI

要成为公主，

YAOCHENGWEIGONGZHU

不一定要嫁给王子

BUYIDINGYAOJIAGEIWANGZI

你的世界
需要自己关照
NIDESHIJIE
XUYAOZIJIGUANZHAO

原来命运，
就是这么安排的

醉于光阴 著

天津出版传媒集团
天津人民出版社

图书在版编目（CIP）数据

没有公主命 自备女王心 / 醉于光阴著.--天津：天津人民出版社, 2016.10
ISBN 978-7-201-10890-2

Ⅰ.①没… Ⅱ.①醉… Ⅲ.①女性—成功心理—通俗读物 Ⅳ.①B848.4-49

中国版本图书馆CIP数据核字（2016）第238548号

没有公主命 自备女王心
MEIYOU GONGZHUMING ZIBEI NüWANGXIN

出　　版　天津人民出版社
出 版 人　黄　沛
地　　址　天津市和平区西康路35号康岳大厦
邮政编码　300051
邮购电话　（022）23332469
网　　址　http://www.tjrmcbs.com
电子信箱　tjrmcbs@126.com

责任编辑　王昊静
选题策划　李世正
特约编辑　王玉红
内文设计　邱兴赛
封面插图　闫听听
内文摄影　我不是耶稣
封面设计　仙　境

制版印刷　北京华创印务有限公司
经　　销　新华书店
开　　本　880×1230毫米 1/32
印　　张　8
插　　页　8插页
字　　数　110千字
版次印次　2016年10月第1版　2018年7月第2次印刷
定　　价　35.00元

前言 PREFACE

带 4 岁的女儿去买夏装，在一条条美丽的纱裙面前，她总是磨蹭半天，见我来催促，就说："妈妈，我要穿纱裙子。"

我蹲下来，问她："为什么要穿纱裙子啊？"

"穿了纱裙子就能变成公主啊！"女儿毫不犹豫地回答。

我笑起来。在女儿看过的无数个绘本故事里，有穿着及地长裙的美丽公主，这些穿长裙的公主总会引起她无限好奇和羡慕。就连家庭相册里我和先生的婚纱照，也让她产生了浓厚的兴趣，每次总说："妈妈你变成公主了，我也要穿纱裙子，我也要变公主！"

哪个女孩童年时没做过"公主梦"呢？不忍浇灭女儿的热情，我给她买了人生中第一条白色纱裙。即使长大成人，经历过世事风霜，仍有像许晴、Angela baby 一样的女子，将"公主情结"充斥在生活的细节中，并且还能骄傲地把“公主病”当成生活情趣。

不能否认，有一些女人，一把年纪还无法对自己的人生负责，只会在不切实际的公主梦中，希望找到一位开着豪车的白马王子依靠终生。哪怕出身低、资质差，也幻想着可以嫁入豪门，或是找到非常帅气的另一半。但最终，一切不过是镜中花、水中月，原来“骑着白马来的不是王子而是唐僧”，而自己压根儿也不是王子要寻找的真正公主。

嫁入豪门不能改变命运，也成就不了女王。1997 年的一次晚宴上，邓文迪将一杯红酒洒在“传媒大亨”默多克身上，3 年后年近 70 岁的默多克不顾世人反对毅然离婚并迎娶了她。4 年后，邓文迪为默多克生下两个女儿。然而，两人在 2013 年还是离婚了，据说是默多克单方面悄无声息发起的离婚要求，邓文迪完全不知情，“目瞪口呆”的她最终只拿到了少得可怜的补偿。

女王不是“嫁”出来的，而是“做”出来的。有一些女人，虽然不是公主，却有女王的格局。她们深知，既然改变不了血统、出身，不如重新铸造内心，打造出自信强大、气场十足的女王心。范爷有句霸气名言“我不嫁豪门，我自己就是豪门”。甜甜蜜蜜的“冰晨恋”，证明她的确说到做到了。

著名女星艾玛·沃特森有一句话说得更霸气：要成为公主，不一定要嫁给王子。现在的艾玛·沃特森已不再是那个满脸雀斑的魔法少女“赫敏”了，她早已蜕变成一个明媚动人、惊艳世界的女神，举手投足间散发着优雅的魅力。

艾玛·沃特森思想独立，对未来生活有详细规划，她说：“我有不用工作一辈子都花不光的钱，但我仍旧想要做些什么。”这个集美貌与智慧于一身的女人，从小努力学习，长大后成为超级学霸，同时收到剑桥大学圣三一学院、牛津大学和美国布朗大学三所名校的录取通知。现在她努力工作，专注演戏，她为女权大胆发声，并计划息影一年发展女权事业，她正大踏步地向着“女王”这条路前进。

英国皇室哈里王子曾经追求过艾玛，但艾玛却说，要成为公主，不一定要嫁给王子。她知道自己真正想要的是什么，并尽一切努力去实现，从不担心失去。

有颗女王心，用“女王范”给人生掌舵，世界同样会为你让路！

第一章 你的世界，需要自己关照

公主是天生的，女王却是自封的。

只要内心足够强大，你的气场就足够凛然。

女王从不会将就，她们会在孤独中耐心等待。

女王绝不会妥协，相反，她们会在生活的磨砺中变得更睿智、更豁达。

第二章 做你自己，当了“剩女”又如何

现在，“剩女”仿佛已成为全民调侃对象。
可是，这个名号，吓倒的只是不能独立自主的女性，让她们成为婚姻市场里的弱势群体。
为什么不对那些无聊的人群说一句：我剩不剩，关你什么事！
抛却“玻璃心”，远离“直男癌”，自备女王心，一个人就好。

第三章　跌倒会有时，姿势要优雅

伤害总会有，哪能安然度此生。
无论生活给予什么，我们都要心无恐惧，坦然接受。
谁的成功不是栉风沐雨，谁的人生不是斩棘前行！
弱女子把不能坚守而磨灭的梦想，当成世界欺骗自己的理由。
大女人把心怀期待、坚持践行的梦想，熬成了别人眼里的鸡汤。

第四章　人生不回头，敢爱如当年

爱情，不是不来，而是需要长久孤独地等待。
它需要近乎无望的持续付出，非坚强女人不敢为。
女王的爱情，是通过一个人看到整个世界。
即使是最终错过的天涯陌路人，也只是相逢一笑不相问。

第五章　岁月有沉香，酿你如红酒

一样是飞刀，岁月对女人是摧残，对女王却是雕琢。

自信优雅的女人绝不会老，她们经历的风霜只会催熟心智，开放最雍容的花。

与岁月干杯，与往昔重逢，人生的每一个阶段，都是礼遇，而不是遭遇。

你的世界，需要自己关照

［第一章］

Chapter One

公主是天生的，女王却是自封的。

只要内心足够强大，你的气场就足够凛然。

女王从不会将就，她们会在孤独中耐心等待。

女王绝不会妥协，相反，她们会在生活的磨砺中

变得更睿智、更豁达。

有一种孤独，叫作不愿将就

在我们身边，“剩男”“剩女”总是那么多。有人终日装扮，随时相亲，恨嫁之心路人皆知；有人凭借青春资本，游戏情场，随波逐流，最后遇到什么样的人就上了什么样的船；还有人在长期不愿将就之后，反而心态平稳，开始享受一个人的孤独。

我有一个相识多年的朋友苏苏，大概属于第三种吧。

苏苏是北方姑娘，明眸皓齿、开朗自信，毕业后却长期生活在南方。她个性自由独立，讲究生活品质，热爱旅游、健身，尤其喜欢品尝美食。

苏苏对养生健身很关注，尤其讲究饮食卫生。只要是看上去色相不好或者闻上去有异味的食物，她从来不会胡乱填进肚子，更别提路边形形色色的小摊小贩了。

繁忙的工作间隙，其他同事对待午餐都有点儿敷衍，或者楼下就近解决，或者订外卖盒饭。与之相反，她从来不会将就。宁愿在烈日炎炎之下步行十五分钟，她也要找一个口味、环境都符合要求的饭店。

同事朋友聚餐，大家酒足饭饱了，苏苏还在细嚼慢咽，吃得旁若无人。倒不是她吃得特别多，而是因为无论什么菜品，她都要细细咀嚼、慢慢吞咽，速度自然便落在别人后面。

对食物的不将就，也反映到她对待感情的态度上。

多年前，苏苏也有过一段感情，可仅仅维系了一年就结束了。分手原因是她觉得男朋友不独立，生活上依赖妈妈，情感上依赖女朋友。男友黏黏糊糊的性格最终让她忍无可忍，毅然决然放弃。

这一放手，就一直单身了四、五年。

这些年，在热心朋友的张罗下，她也相亲过几次，但要么是她在感情里患得患失，无法尽可能做自己；要么是因为一个小小细节，她就将对方完全否定。在她看来，将就会让她更加寂寞，所以她不愿将就。

一次，她跟一个条件不错的男生出去吃饭，一开始交谈甚欢，但是出门站在街边时，她突然间觉得很难受。她发现，想跟一个人在情绪上处于同一频率，居然比一个人生活还要艰难。

你说人山人海边走边爱害怕孤独，我说人潮汹涌不是你要怎么将就都行。最不能勉强的，莫过于感情。“斯人若彩虹，遇上方知有”，这样的姑娘，我们只能劝慰她，别着急，慢慢来。

2005年上映的电影《触不到的恋人》，先有情感细腻、情节浪漫的韩国版，后又有改头换面、情节扩充的美国版。韩版电影只是一个忧伤而美丽的爱情故事，我更喜欢美版电影——它更侧重现实意义，恰如其分地刻画出了那种“微妙的难以抚慰的、不愿将就的孤独感”。

美版《触不到的恋人》讲述的是先后住在同一别墅，但却生活在不同年代的女医生凯特·福斯特和建筑师亚力克·维勒借助“时间邮箱”书信传情的浪漫故事。

对于女主角凯特·福斯特而言，工作繁忙乏味，正在进行的感情也并不如意。她内心的热情被压抑，无法在现实中得到投射。

生活中的寂寞无处不在，往往不是因为你与世隔绝离群索居，也不是因为失恋而产生空虚感，而是你看着周围的人，觉得根本无法融入他们，更不用说从他们身上得到沟通和抚慰。

而这个时候，生活在同一个城市、同一幢房子，但却是生活在不同年代的建筑师亚力克·维勒，用相类似的心境，穿越时空跟她进行着有趣的谈话。她跟他说：“你知道我最喜欢什么吗？我喜欢树。”于是，他在她住的地方种了一棵树，那棵树就在一个雨夜突然出现在她的面前。他们穿越时空隔着两年的时光去一起散步，谈论着芝加哥的美丽，两个人都有不被周围的人所理解的孤独。

但这终究是不切实际的，说出来就像一个笑话。有时候凯特·福斯特自己都觉得这种爱大概只是一种幻觉，不是身边的人不好，而是自己要的太多。她觉得这是自己的错，所以试着做一些妥协，放弃那些不切实际的想法，忘掉那些虚幻的快乐——于是她开始踏踏实实地接地气地生活，跟一个实际而合理的男人在一起了，准备买一栋房子，过幸福而又落寞的生活。

“纵使举案齐眉，到底意难平”，这是无比的真实。被周围人影响，对现实妥协，明明知道不爱还要准备和那个人结婚！这种妥协随处可见，不是吗？我们爱的是一些人，与之生子结婚的是另外一些人。人生不如意，十之八九。

电影里的故事结局很完美，女主角最终没有将就，没有放弃对感情的追求。经过漫长的徘徊和等待，她和男主角历尽曲折最终在一起——我很喜欢这样的故事：我们都是软弱自私的人，但是一分不将就的爱情，仍然是我们所知道的最值得等待的事。

很多人会说“跟真爱在一起又怎么样，几年之后也还是柴米油盐。”但是，细细想来，这一种柴米油盐和那一种柴米油盐之间难道真的没有任何区别吗？固然，爱情无法治愈内心的孤独，婚姻也不是生活的必需品，但如果没有爱情这剂良药做调剂品，婚姻恐怕是难以维持下去的吧？

影片《触不到的恋人》中，简·奥斯汀的小说《劝导》的戏份很重，大概是因为《劝导》的思想主题——等待和重生，与电影主题不谋而合。

生活不是电影，生活更艰难。小说的作者简·奥斯汀，是18世纪末19世纪初英国著名女性小说家。她的一生，又何尝不是在等待重生的期盼与孤独中度过！

简·奥斯汀与初恋被迫分手后，花了一生的时间等待，却再也没有遇到一个可以不将就的爱人。于是她选择终身不嫁，将所有未了的情感注入文学创作，最终成为英国历史上最受欢迎的女作家之一。

20世纪以来，人们对她的小说研究越来越多，并最终掀起了全球性“奥斯汀热”。她的小说和事迹被改编成电影、电视剧，版本不计其数。

爱情不是奢侈品，也不是必需品，也许没有想象中那么好，但也没有那么糟，它是你在人生经历中必须经历的一段。

电影《何以笙箫默》主题曲《不将就》中，李荣浩用独特的磁性嗓音娓娓唱道：即使疲惫，也不将就；即使折磨，也要一起走到白首。

有一种孤独，叫作不愿将就。

在遇到下一个喜欢你的人之前，先好好喜欢自己，让自己变得更好、更温柔、更幸福。保持一段理智的单身，在对的时间遇到对的人，这不仅是一种需要耐心等待的幸运，也是为未来那个他准备的最好礼物。

你的安全感，只能自己给

春节，我和先生回乡探亲。情人节那天，我们在江城见到了阔别五年的老友——L先生和Z小姐两口子以及他们的一对双胞胎儿子，一家四口其乐融融。

看着这一家四口，回想五年前他们刚谈恋爱时的模样——热烈而奔放，真可谓一场翻来覆去旷日持久的虐恋。他们能走到今天，令人唏嘘感叹。

L跟我先生是高中同学，两人毕业后兜兜转转在N城又相逢了。然后很自然的，我也就认识了当时还是L女朋友的Z小姐。

Z小姐拥有名牌大学硕士学历，在省电视台工作，身材高挑，思维敏捷，口才尚佳。但就是这么一个优秀而又骄傲的女孩子，在遭遇这场年轻的爱情时，依然会缺乏安全感——他们谈的是一场痛并快乐着的恋爱。

Z小姐的父母不同意他们在一起，无非是嫌弃L功未成、名未就。一向争强好胜的Z小姐，也因看不到L先生未来的发展方向，既有恨铁不成钢的怨气，又有不甘心的遗憾，更有对未来无法把握的不完全感。于是和其他年轻的情侣一样，两人争吵不断，这是一直困扰他们且又无力解决的问题。

记得四年前的那个情人节，恰好是Z小姐的生日，我们四人约好在他们家吃火锅。热气腾腾的房间里，充满着烟熏火燎的简单快乐。

但快乐只是暂时的，L切菜时不小心划伤了手，一个人出去包扎，回来后我们才知道他流了很多血。在这种状况下，他们俩的情绪也突然急转直下，L一边喝酒一边絮絮叨叨地和我们聊天，语气中带着压抑的伤感。Z小姐的眼泪不知什么时候掉下来，凭直觉估计是他们俩这段时间又闹分手了。女孩子无端吵闹，很大程度上是缺乏安全感，因此借题发挥，宣泄情绪。

年轻时，男人没钱没房，除了一腔热血一无所有，但是女人年华正好，青春美貌，该不该耗尽青春，陪着这个男人漂泊流浪？毕竟谁都不知道未来会怎么样，谁会伤害谁，谁会抛弃谁？这便是年轻人的爱情，虽然带着义无反顾的勇敢和决绝，但也充斥着无尽的悲伤和迷茫。说到底，无非是女人天生没有安全感，导致对感情患得患失。

其实，女人的安全感，只能自己给，不能向外求，哪怕他是你的男人。

从表面来看，女人的安全感貌似来自有房子、有车子、有经济收入的一个靠谱的男人。但是，聪明的女人，懂得给自己安全感。有梦想的女人，始终清楚地知道自己到底想要什么，与其拿时间和精力去改造男人或者讨好男人，不如好好经营自己，做一个对未来有明确规划的女人。

沉寂一段时间之后，Z小姐放弃了与L先生做任何无意义的争执，选择突然辞职，闭门迎考公务员。最后，她如愿考进了另一个省的省委宣传部，搬到了江城工作。

骄傲如Z小姐，正在尝试一点点地找回安全感，它只能自我赋予。

她既不相信选择一个好男人，就一定能让自己衣食无忧、幸福美满，也不相信选择一个普通男人，就必然会让自己陷入不堪而悲惨的生活境地，她明白这一切只取决于自己。

L先生对Z小姐也绝对是真爱。当意识到Z小姐的用心良苦和痛苦挣扎后，他自然变得很努力，想跟她更匹配。于是，他选择读研，学的是前途无量的金融学。毕业后，他进入一家证券公司，几番辗转后也来到了江城，与Z小姐相会。

在这里，两人结婚、生子，生活里伉俪恩爱，工作上齐头并进。他们将对方变成自己的宝藏，能从对方身上源源不断看到光明和希望——那些希望，就从眼睛发出；那些希望，就从脚下延伸。

《周易》讲："天行健，君子以自强不息"。我相信，"君子"并非专指男人，同样也指向那些自强不息的女人。

另外一个故事，是来自我曾经的女班长M。M在学生时代就很优秀，但因为谈了一个家境不如自己的男朋友，就开始遭遇各种非议。

影视剧中门不当户不对的恋爱能遇到的所有阻挠与障碍，他们在现实中全部遭遇。在十五年的爱情长跑里，他们有过数不清的动摇和争执。女人天生的不安全感，也曾经困扰过 M 无数个日日夜夜。

工作数年后，她终于明白，女人的安全感只能自己给。一定要先把自己经营好，才能将感情经营好，也才能给父母朋友以及男友更大的信心。

为了证明自己，为了证明这段感情的价值，她以极大的耐心和毅力，重新捧起书本考上 MBA 研究生，之后再接再厉，最后考上了一所名牌大学的博士生。

与 M 的学业发展相对应，男友的工作也因为多年来的吃苦耐劳、兢兢业业，而使得职务和薪水有了较大提升。

生活一下子向他们打开了大门，未来不再是一片未知的迷茫，如今两人已走进了婚姻殿堂。

读完两个故事，你会发现，很多修成正果的爱情，并不是一方等着另一方拯救，而是自救救人，自得得人。

佛不度人，是人自度，爱情也同样如此。

亲爱的姑娘们，你要的安全感，除了你自己，没人能给得了。

女人的安全感，并不是找到一个强大的男人作为寄托，而是让自己强大起来，并潜移默化影响另一半。

自己做到自知自信，经济独立，成为一个见多识广、与岁月握手言和的女人，何谈没有安全感呢？到那时候，你一定能找到自己的白马王子。即使真的没有白马王子，你也不必担心，因为你本就是公主；不需要嫁入豪门，因为你就是豪门。

能够给自己安全感的女人就像带刺的玫瑰，要么让人碰不起，要么让人戒不掉！不敢碰的是小男人，戒不掉的是大丈夫。

岁月给你再多，都不要拿女王心去换

朋友阿墨更新了她的朋友圈：如果生活把你变成了妇人，请尽量保持不跋扈。

当然，这里的妇人，指的并不是毫无形象的泼妇——牙尖嘴利，锱铢必较，令人生厌。“妇人”本是一个中性词，可是社会却对它有诸多偏见，常常在其身上贴上自虐、保守、狭隘、不独立等标签，使其成为人们口诛笔伐的对象。

固然，逼仄的生存环境不容易产生优雅、得体又从容的女人。但是，在为人妻为人母之后，既下得了厨房，也当得了女王的女人，也大有人在！远的不说，就说我朋友阿墨吧。

阿墨生孩子之前做的是销售管理工作，每天踩着8厘米高的高跟鞋出入高档售楼处，收入颇丰。

她怀孕之后，由于严重的早期妊娠反应，不能接待客户，于是被调到朝九晚五的后台。收入虽然下降，但是她还能接受。生完孩子刚满月没几天，她接到公司老板电话，要她回公司接管一个项目的案场管理工作。

如果接下这项工作，就意味着没日没夜的加班加点。几番考虑之后，为了家庭和孩子，阿墨决定辞职。

婆婆身体不大好，基本都是阿墨自己带孩子，但是她并没有因此放弃自我。

每次看到蓬头垢面，推着孩子出来散步的妈妈们，每次听到姐妹们谈论的话题永远都只有孩子的时候，阿墨就对自己说："不能这样，我要学习、要工作、让自己充实，不然太对不起自己了！"

在孩子还不到两岁的时候，她就把孩子送到了附近的幼儿园，自己开始报班学习，上午学韩语，下午学理财，周末忙兼职。

此外，她还开了一个海外精品代购小店，每次去国外都能淘到好的东西，带回来广受辣妈们欢迎。

现在，阿墨充分享受生活和工作带来的各种体验，过得很充实。对她来说，诗并不在远方，而是就在眼前，只要你足够努力即可获得成功。

在妇人群体中，除了阿墨这样的普通女人，还有一种特殊族群，这就是文艺女青年。

相比普通女人，文艺女青年面对现实时，承受的东西更多。她们结婚生孩子后，在与现实琐碎生活的较量中节节败退，放弃自我后，每天重复同样的日程，枯燥乏味，为老公孩子而活，这对有艺术气息的她们来说，简直就是无法面对的事情，更是一件可怕的事情。

曾有一本书，取名为《文艺女青年这种病，生个孩子就好了》。在作者看来，文艺女青年一旦成了妈妈，就等于被人绑架了，无法翩然离开，无法独自上路以确认自我还存在，无法不问柴米油盐酱醋茶，因为她被人爱上了。而这种爱就是来源于那个吃喝穿戴行走坐卧完全仰赖于自己的孩子。这种爱无法拒绝，无法转嫁，无法出让，也无法逃避。

不过，即便是喜欢漫无边际胡思乱想、矫情得一塌糊涂的文艺女青年，也有并没有被结婚生子这件事“还俗”成大妈的，比如曾经擅长写青春伤痛文字的小资女作家安妮宝贝。

安妮宝贝在写了数十本悲伤绝望的书之后，终于结束自己“大龄剩女”的头衔嫁人了。

虽然丈夫有过婚姻，还有一个女儿，但安妮宝贝还是非常知足地表示“得夫如此万事足”。

2007 年 10 月，她也生了一个女儿，名唤海棠。

生了孩子后的安妮宝贝，并没有停歇下来，出版《素年锦时》，在《城市画报》开专栏，与其他知名作家共同写作《选择之道》《八行书》等，还参加了伦敦书展。

2013 年，她出版随笔集《眠空》，2014 年改笔名又出版散文集《得未曾有》。

与此同时，她的文风也逐渐改变，由颓废虚无、无所适从变得平和宁静、灵性通透，给喜爱她的广大读者带来了全新的阅读体验。

像安妮宝贝这样的女人，才是真正的文艺女青年。当妈后的她们，并没有与现实妥协，反而更丰富，更聪明，更豁达。“文艺”无法让她们与现实割裂，却是她们在这个世界上自我取暖的慰藉。与之相比，摧毁一个矫情的伪文艺女青年的，当然不是婚姻，不是孩子，而是一颗永远敏感的玻璃心和注定斗不过的岁月。

当妈的女人，不管你曾是文艺女青年，还是普通女青年，你要记住的是，岁月可以把我们变成妇女，但是经历却能让我们成为“多角色女人”——既下得了厨房，又当得了女王。

下得了厨房，不是说你一定要厨艺精湛留住老公的胃和心，而是不管为人妻还是为人母，上对公婆还是下对孩子，都要做到左右逢源、八面玲珑；当得了女王，其实不是说你要多么强势，而是要有一颗坚强自信的心。如果你爱自己多一点，学会打扮自己，提升自己，你就会是女王！

也许有人会说，说得简单，生活中有那么多的杂事，怎么可能做得了女王？凡事关键在于心态，相信一句话：这个世界没有柔弱，只有甘于柔弱的女人。

改变我们的不是爱情、婚姻或者孩子，而是时光。

我们经历过的孤独、伤痛、焦虑、不安，都会被悠长的时光一一治愈。我们所期待的将来，也都会在时间中慢慢出现。无论岁月给了你什么，请你，都不要拿女王心去换。

你追求的，不过是与自己喜欢的一切在一起

单身同事晓风，请了几天假到云南玩了一圈回来后，整个人容光焕发，举手投足仿佛都有些不一样了。

吃饭时，我们问她是不是在云南碰到什么艳遇了。

她拂拂头发，笑着说："本姑娘风华绝代，碰上几场艳遇有什么稀奇的。不过，这次出门，我最大的收获是，总算明白了人这一辈子，就是要随心随性，活成自己想要的模样。韩寒不是说过那句话吗——生活就是和自己喜欢的一切在一起。"

众人惊叹。晓风这觉悟，跟出门前差别的确大。

之前，她每天最害怕的就是很多人见到她，扑面而来的第一个问题就是："你啥时候结婚？都快三十了，再不结婚要孩子就晚了！"

问话人的迅猛气势，吓得晓风都不敢出门，迫不得已出门也只能绕着熟人走路。

云南旅游回来后，晓风办了一张健身年卡，工作日中午的时间，不忙的话都泡在健身房里了；平时晚上不加班的话，她一般会坚持看1～2小时的书；周末再也不回避各种朋友的聚会、娱乐活动，该参加的一律参加，喜欢的东西该买的买，喜欢的人该表白的表白……用她的话说，“我这辈子，从不欠任何人一段恋爱，不欠任何人一个孩子，我这么努力生活，不是为了嫁给所谓的如意郎君，也不是为了简简单单当个妈。我最该负责的事儿，是自己的幸福。”

真希望晓风可以一如既往一身骄傲地与自己喜欢的一切在一起，追求自己想要的生活，活成自己想要的样子，因为只有这样，才是幸福的本真模样。

不忘初心，方得始终。生活就是和喜欢的一切在一起，爱你所过的生活，过你所爱的生活。

但是，也有不少人，看上去是在寻求最好的生活，实际上却在不知不觉间忽略了自己最想要的。

很多过了婚龄的姑娘，就是在和亲友不断的博弈中节节败退，在别人异样的眼光中自乱阵脚，宣告坚守失败踏入婚姻大门的；即使结了婚、出了问题，也无法或不愿离婚——明知这个人不是真爱，还是说服自己和对方共度余生。

表姐当初就是在家庭的重压之下，放弃了初恋男友，嫁给了一个她并不爱的男人。

男人是做生意的，家境殷实，对表姐刚开始也还不错。姨父、姨妈也想极力促成这段姻缘。

或许是对婚后衣食无忧、宽裕生活的幻想，让表姐最终答应了这门亲事。

可是，婚姻不是设计好程序的编程任务，不会按照人们的意愿将程序进行下去的。看上去对表姐不错的男人，婚后三年有了婚外恋。

表姐闹着要离婚，可是家长们又都来劝说，说什么他有悔过之心，孩子还这么小，怎么不能将就着把日子过下去啊……

最终，表姐和老公没有离婚。也许是人性自私又善于自我欺骗，谁都怕别人风言风语，谁都怕孤独终老……

为什么你每做一件事，都要小心翼翼看别人的脸色？想想这个人是怎么想的，那个人是怎么说的？对于那些老爱评论的人，你可以接受他们的指点和说明，但请拒绝他们的指指点点，说三道四。

都说女人一定要独立，因为只有独立，你才可以不需要取悦谁、依靠谁，才可以随意支配自己今天、明天以及未来的日子，才可以不必为任何人和事恐慌，才可以真正地与自己喜欢的一切在一起。

无论是谁，只有自己才是真正的依靠。正如三毛所说：“如果有来生，我要做一棵树，站成永恒，没有悲欢的姿势，一半在土里安详，一半在风里飞扬，一半洒落阴凉，一半沐浴阳光，非常沉默，非常骄傲，从不依靠，从不寻找。”

年轻时，我们追求经济独立，有的甚至比男人收入还高。我们有见识，爱文艺，定时做瑜伽、读书、旅游。我们拼尽全力地改变自己、完善自己。我们想让爱情摆脱经济的依附，一直在寻找精神上与自己完美契合的人。

步入中年，蓦然回首，我们才发现终其半生，辗转数地，折腾不止，无非是想要活成自己想要的模样，与自己喜欢的一切在一起。就像无论白天再忙，我还是会在深夜码字；就像不管谈生意的时候多么铜臭，你也还是会在回家之后听上一段佛经。所有这些，只是提醒你我，不要忘了最初出发的方向，最终想要到达的目的地。

对于女人来说，这一生都在为他人操劳，很容易忘了自己。我们追求的生活，没有迫于无奈的屈从，没有隐忍不发的叹息，迈出的每一步路都是深思熟虑后做出的决定。

我不知道别人怎么定义“幸福”，房子、车子、票子、孩子？或者是无关紧要的人说一句“真不错，挺成功”？我认为放之四海而皆准的幸福标准就是——与自己喜欢的一切在一起，活成自己想要的模样。

无论多爱，都不要放弃自己的强大

随着近期女性成长励志剧《女不强大天不容》的热播，著名作家、编剧六六再次进入公众视野。从《蜗居》横空出世起，六六就成为一个风云女子。2012 年，在写作《宝贝》期间，她在微博上公开斗小三，成为全国关注和争议的焦点。

六六，原名张辛，安徽合肥人，父亲是安徽大学理学院教授，母亲是上海人。

1995 年，六六毕业于安徽大学国际贸易系，1999 年赴新加坡定居。也是从这一年开始，她以六六这个笔名在网上撰文。

2003 年，她以小说《王贵与安娜》蜚声海内外网坛，被看作继张爱玲、虹影之后的第三代海外华裔女作家的代表。

2010年11月15日，“2010第五届中国作家富豪榜”重磅发布，六六以210万元的版税收入，荣登作家富豪榜第20位，引发广泛关注。

然而，就是这样一个光芒耀眼的女人，谁也没有想到她会在微博上公开斗小三，曝光老公婚外情。

六六15岁就认识了前夫，双方父母是大学同事。24岁时，六六与其结婚，并于1999年一起去了新加坡。在经历了“红颜知己”“小三”等婚姻危机之后，2008年，她与丈夫离婚，但在2009年又迅速复婚。

经过一番折腾后，2012年6月5日，六六在微博上最终默认离婚，并坦诚回应：“一个人过比两个人过好，我的人比他好，没有他也能过得很好。”

说起这段失败的婚姻，六六直言这世道留给女人的活路很窄。“我前夫把我当小孩子哄大了，有一天发现他能处理的问题我都能处理的时候，他开始表达不满，开始有外在的关系。以前我选择等待他成长，但你会发现他可能一辈子都不会改变”。

谁说一个女人的出路只能在婚姻里寻到？在生活中，尤其是婚姻中，无论多爱，都不要放弃自己的强大。斗赢小三儿后，放弃婚姻的六六赢得了更美好的人生。

过去的十几年，她为前夫为儿子为父母甘愿牺牲，而今天她成为名人、收入比之前翻上百倍、考入中欧商学院进修……种种成就的取得，让六六感激岁月将自己酿成一杯红酒。她将自己从小女人、女强人、名女人到大女人的心路历程展示给大家，告诉广大女性要以强大的姿态立身处世，无论遭受什么，都不要放弃自己的强大；只有强大了，才能拥有选择的权力。

正如她所说："我通过努力，过的每一天都是我想要的。如果有一天我没有了这么高的收入，对我而言生活都不会难受，因为我的内心很满足。"

2016年，根据六六同名小说改编的电视剧《女不强大天不容》的热播，故事聚焦媒体生态环境。

海清饰演的女主角郑雨晴是一位报社记者，曾经为了孩子放弃职业升迁机会，仿佛这符合社会外界对一个女人的根本定位。同时，她自己也在心理设置壁垒，在该向前的时候选择了后退，无形中向别人传达了这样的信息："我可以放低姿态。"

出乎所有人意料，35 岁的郑雨晴突然被任命为社长，外界各种质疑立刻纷至沓来。连感情基础深厚的丈夫都怀疑：你这个社长到底是怎么当上的？最终，丈夫的不理解、不支持、不信任，导致两人婚姻破裂。

尽管在电视剧里，两人最终再度复合，但是关于"女人如何才能长久保持自主选择而不是被选择的资本和权利"这个问题，却引发我们每个人的深深思考。

每个女人都是天使，她从天堂中来，为了爱，甘受世间之苦，生活之操劳，生育之累，最终让女人容颜凋谢！但无论多爱，女人，都不要放弃自己的强大。

无论你是青春资本无限的年轻姑娘，还是已为人妇、人母的中年女子——请不要放弃独立谋生的能力，不要放弃学习进步的能力，不要放弃陶冶性情的能力。

无论多爱一个人，请都不要忽视自己。如果你的舞台变得越来越小，理想变得越来越远，这都是自我放弃的结果。如果你的世界不想被别人蚕食，那就要努力守住它。

不管世界多么混乱，你一定要内心强大，保持知性优雅。在生活的长河中，如果你的每一次选择都是消极的，你一定会获得一个消极的结果。或许你有很多借口，总是强调自己不容易，进而放弃了进步的机会；但是如果你自己都放弃了进步，只想着日子过得舒服一点儿，那你就会离优秀越来越远。

你要做能够在天空自由翱翔的鸟儿，而不要做被养在笼子里的金丝雀，你要有足够的底气，活得精彩、活得痛快。

只有你自己强大了，才能长久地保持自主选择而不是被选择的资本和权利；只有你自己强大了，才不会被别人当作可有可无的附属品；只有你自己强大了，才没有人能够轻易伤害得了你，无论顺境逆境，你都能坦然面对人生所有的风风雨雨。

女不强大天不容，愿你活得随性，爱得尽兴。

岁月流逝，你拿什么为生活加分

一个朋友意外怀上了二胎，思忖再三后，不顾一切决定要这个孩子。但是，她的身体已经不能适应高强度的工作，特别是孩子大宝只有两岁，正是非常依赖妈妈的时候。最终，在与老公仔细商量之后，她果断辞职了。

说实话，我挺佩服朋友的辞职行为，同时又暗暗为她捏了一把冷汗。她的老公是普通工薪族，待遇一般，而且两家的老人都是农村的，没有退休金。柴米油盐、奶粉尿布、老人看病等生计问题，活脱脱摆在他们眼前。

前阵子，我在网上看到一位作家撰文分析：女人 30 岁，到底是生活、工作重要，还是生娃重要？如果选择生孩子，那就是选择宽度，让自己的角色更加丰富；如果选择工作，那就是选择了高度，让职位或专业性更高；如果选择生活，那就是选择了温度，赢得热情的人生。至于这三种生命维度，你最应该选哪一个，并无定数。你可以按照你的内心指引，选择你最喜欢的。

这位作家说得对，世上没有完美选项——选了高度，就必然降低宽度和温度，反之亦然——当你追求 方面的时候，其他方面一定会减少。所以，你要想清楚，你最想要什么，最不能忍受什么。当年华老去，你最不能容忍的，到底是碌碌无为，还是孤苦伶仃，抑或是平淡无奇？毕竟我们选择了一种生活，就得接受与之相反的另一面。

我的这位朋友，没有单纯地选择某一种生活方式，而是在生下二胎后，正式加入到“大众创业、万众创新”的潮流中去。她最初的创业很简单，就是在微信上卖瓜子。

她自己挑拣、包装并按袋销售瓜子，看上去很简单，却不乏创意。她给自己的瓜子品牌起了一个简单易记、朗朗上口的名字——“淘淘瓜子”，每一个包装袋上都贴上了她精心创作的图标——一个可爱的卡通女孩形象。

最开始，她的客户是亲戚朋友、小区邻居，最后慢慢渗透到朋友的同事、朋友以及周边小区、写字楼、商圈。

努力加上时间，使得“淘淘瓜子”的名气越来越大。有时，她一天要卖出数百袋瓜子，这彻底点燃了她的创业激情，一发不可收拾。

她自己是个吃货，喜欢下厨，于是充分利用这一爱好，在家做各式美食，通过微信朋友圈发售——批量较大的如咸鸭蛋、松花蛋、吊干大枣，批量少的如各种水饺、丸子、水煮螃蟹、红烧肉、猪皮冻等私厨菜。她在收获朋友圈的信任和好评的同时，也让自己更加自信、美丽。

跟以前满腹牢骚形成鲜明对比的是，现在，她的微信朋友圈里，每天除了令人垂涎欲滴的美食美图，还有青春靓丽的自拍，以及一场场说走就走的旅行。

她整个人的精气神与之前完全不同，与老公的恩爱也更胜从前。无疑，她活出了三十岁女人的魅力人生。

年龄是一个女人的年轮，每一道都由独特的阅历雕刻而成。时光可以雕刻一个女人，也可以摧毁一个女人。30岁，走过了小女生的天真与单纯，你开始走向成熟；通过失恋或者结婚生子，你发现了人生的新景象。

不知不觉30岁飘然而至，人生的马拉松其实才刚刚开始。那么，你拿什么为生活加分？

一方面，你要对自己30岁后的容颜负责。

30岁之后，女人会向两个方向分化：一部分日渐枯黄，渐成大妈；一部分反而气质愈来愈佳，愈发美丽动人，成为女王。

我们绝大多数人，终其一生，只是普通女子。过了30岁，生活的残酷或慷慨就会逐渐显现在脸上：我们或许变丑、变胖，胖到了分不出实际年龄；我们或许变瘦、变美，跨越了年龄的束缚，活出了另外一种精神气。

日常生活中的不少优秀女性，她们一般在30岁上下，工作、生活已经渐入佳境，内心稳定，举止言谈充满魅力。单单从她们的容颜上，你就能看出，这是一个对生活富有热情和期待的女人。

另一方面，你需要创造机会持续为自己增值。

年过三十的女人，常常困顿于家庭、工作、孩子的庸常之中，属于个人的独处时间因为诸事琐碎而逐渐消失。但是，独处时的寂寞是最好的增值期。夜深人静时，不必自寻烦恼，何不珍惜时间利用心灵的寂寞时光，打造出一个更好的自己?

优秀和拙劣都是一种习惯，不管是工作、生活还是生娃，你都需要更多广博的知识和技能，为社交和职场加分，你也需要积累更多见识和阅历，为生活储蓄，打通心灵深处的涵养，才有完美的未来。

弱者在寂寞里浪费光阴消遣生命，强者在寂寞里修炼得更加强大。

要知道，那些在台上熠熠生辉的人，那些在各个领域叱咤风云的人，他们不过是耐得住寂寞，提升了自己，自然就能享受得起成功，让自己光芒四射。

姑娘，岁月绝不辜负你抓住的每一个机会

拧巴的姑娘，生活中随处可见。她们把矫情当清高，把孤僻当高冷，羡慕别人可以尝试一切，而自己处处受限，什么也不可以做，怨天尤人、痛斥人生。

姑娘，仔细想想，你真的努力过吗？

你看不起每日精心打扮的人，觉得她们徒有其表，心灵空洞，可是为什么你不看看自己？蓬头垢面不打扮，懒惰贪吃身材发胖，你这是在放弃自己，跟生活妥协吧？

你羡慕别人聪明理智，觉得人家天赋异禀，可你为什么放不下手机，放不下一大堆你终日吐槽的无聊电视剧？你为什么不翻开尘封的书，拿起干枯的笔，去圆那个快要忘记的梦想呢？

当别人拿到荣誉收获成功时，你会想，他凭什么成功，我怎么就不行呢？可是姑娘，你真的努力付出过吗？机会对每个人都是平等的，当它来临的时候，你抓住过吗？

你说你不擅长交际，不喜欢在人群中说话，也不屑于去争去抢，可是姑娘，你知道这就是矫情、懦弱、逃避吗？所有这些只不过是你在给自己的随遇而安、逆来顺受、缺乏进取心找的一个理由吧？

是的，你不是清高，你就是矫情！姑娘，抓住每一个机会，努力去做好每一件事，不辜负这个年纪最好的你。

很多人都以为柳岩的成名，是因为身材性感、火爆，她也因此一直被人诟病“借胸上位”。但是，很少有人知道柳岩这些年来多么珍惜机会，渴望着绽放！

从不拧巴的柳岩，曾在某个电视节目上动情地说了一段话，让每个观众为之动容。她说，当我还是一个小小兵时，我视机会如生命，抓住每一个在舞台上露脸的机会，拼尽一切，让观众记住自己。

在演艺圈，经常会有人自怨自艾，为什么那个人没唱什么歌，没拍什么影视剧，轻轻松松就红了，而我这么努力，怎么还是“青果”

一枚呢？潜规则，炒作，借势上位……每当此时，我们总是这么联想。要不就妄加揣测人家是富二代，有干爹，背后有人撑腰，有专业团队炒作，不红才怪呢！可是，我想对你说，以你这样自怨自艾的颓唐劲，以及如此阴暗的揣摩心理，你能红才怪。

没人会无缘无故地走红，当那些“当红炸子鸡”站在舞台上接受粉丝膜拜时，他们在舞台下面受的苦，又有谁会关注呢？

性感大嘴美女舒淇早年凭借三级片一脱成名，受尽屈辱后，她曾发誓：我要将脱掉的衣服一件件穿回来，最后她做到了。在出名之前，柳岩也当过很多年默默无闻的小演员、主持人，正是因为能抓住每一个机会，她才能最终脱颖而出。

大鹏曾写过一篇关于柳岩的文章：

那是两人初相识的2009年，大鹏在山东卫视主持一档综艺节目，节目嘉宾中就有柳岩，还有一名点穴大师。

为了增强节目的真实性，导演让点穴大师给现场男嘉宾点穴。好多人“一着道”就痛苦难受，吃尽了苦头，大鹏自己也吓得满场跑。

然而就在此时，柳岩却主动提出来想被“点穴”。当时，全场都惊呆了。事先，导演没说过让女嘉宾被点穴，流程里也没有这个环节，点穴大师也不敢“点”女嘉宾。

在柳岩的一再坚持下，“点穴大师”的媳妇上场了。她让人抓着柳岩，攥紧拳头朝柳岩的胸口狠狠点了一下。

当时，柳岩差点儿摔倒在地上，幸好被别人搀扶住。她表情僵硬，难受异常，可却强忍着不叫出声。

录影结束后，大鹏问柳岩为什么主动要求被点穴。柳岩微微一笑，说道:“这样才有画面感啊。我要争取上每一个节目，多留下一些画面，这样观众们才会记住你，否则你就白上节目了。”

听了这些话，大鹏心疼不已。柳岩这样一个柔弱的女孩子，居然如此拼命，让他这个男子汉都有些汗颜。但是，柳岩被点穴的画面最终没有被播放，因为导演觉得画面不美观。虽然被白白“点”了穴，可柳岩并没有气馁，她仍然视每一个机会如生命，每个机会都不放过。

这是借机炒作，有人会这样说。可即便这是炒作，难道不是另一种形式的努力吗?没有爆点，没有话题，没有价值，没有粉丝，你拿什么炒作?一夜成名只是假象，为了这一夜成名，我们要付出多少个流血流汗的日夜?

很多大明星，都是从“路人甲”干起来的，一步一步走来，最终功夫不负有心人，凭借一部影视剧走红，被广大观众认识。很多歌星，在未出名之前，只能在酒吧驻唱，在街头卖唱，在默默无闻的日子里，有谁会记得你？

明星尚且如此，何况平凡如你、我这样的人，别再犹犹豫豫的拧巴中丧失机会了。

想做的，抓紧去做，不错失每一个机会。机会对于每个人都是公平的，不要等机会来找你。天上不会掉馅饼，世界上没有免费的午餐，别等到再次失去机会才追悔莫及。

姑娘，被别人说成女汉子没什么不好。至少，我们不需要靠别人。

古人有云“不积跬步，无以至千里；不积小流，无以成江海”。你的每一次抉择，你抓住的每一次机会，都会给你带来回报。

别做那个什么都拎不清的姑娘，总把自己放在一个傻乎乎的状态，这不是一个需要傻白甜妞的社会。别人帮你是情分，不帮你是本分，自己能解决的事就不要指望其他人；自己不能解决的事，要积极利用外部资源来协助自己完成。要知道，成功总是格外优待善于抓住机会的女人。

念念不忘，必有回响。姑娘，岁月绝不辜负你抓住的每一个机会，不要让自己活得那么拧巴。努力做一个更好的自己。该走的路还很长，你要一步一个脚印，垒起属于自己的人生舞台。

过什么样的生活，就会长成什么样子

看着办公室里来来往往的几个女同事，发现一个很有意思的现象：凡是单身或者恋爱未婚的，每天来上班都穿得花枝招展、新潮入时，个别还浓妆艳抹，可以直接去夜店；而已婚（特别是有孩子的）的女同事呢，则大多素面朝天，衣服款式也老旧，发型更是懒得打理。

这里绝没有任何贬低已婚女人和“职场妈妈”的意思。可能因为生存环境所迫，很难产生优雅、得体的“职场妈妈”——她们大多是一群透支精力、没空打扮自己的女人。

正如那句“女人，你的容颜里有你生活的影子”所言，自己没有良好的状态、积极的态度，就很难有美好的容颜、优雅得体的举止。

一个朋友，结婚前还挺喜欢打扮，周末总是一副美美的样子出来和我们逛街。结婚后可能是太忙了，她倒是不大打扮自己了。

去年，因为工作上碰到一点儿不开心的事，她干脆辞职回家，当起了全职太太，跟我们说是专心备孕。

某个周末，我应邀去了她家。非常出乎我的意料，她的形象真可谓邋遢至极：穿着睡衣，头发没有梳，人还在被窝里，红肿着眼睛蓬头垢面地跟我说："我昨晚跟我老公吵架了，他要跟我离婚。"

我说，离婚了你能到哪里去？你已经从职场出来了，社会生存能力欠缺，现在这种状况下，你出去谋生很难有人会接受你？

朋友一下子无言以对。她忽然意识到，自己再这么邋遢下去，不改变自己，就如同老鹰失去了飞翔的能力，碌碌无为孤独终老就是她唯一的下场。

曾经，多少姑娘年少时满怀理想，拼命用业余时间写小说，还说要走遍世界、看尽风景，发誓要成为三毛或者琼瑶。可是后来，不知何时，她们开始变胖变丑，热衷抱怨，不再上进，只顾眼前苟且，三句话不离男人，人生终极理想就是摆得平老公，斗得赢婆婆。

曾经，多少姑娘在工作上遇到难题，总是想方设法解决，因为不解决这个问题可能工作保不住，或者不能升职加薪，那规划中的美妙旅行就会成为泡影。可是后来，在工作中遇到同样的难题，她们立刻打退堂鼓，想着就算万一失业，回家还有老公养着；如果老公养不起，就逼他骂他，再说马上要怀孕生孩子了，何必那么拼……

良好的生活态度会影响一个人的美貌程度，保持年轻的心态能吸引更多人的目光。那么，是什么让无数姑娘彻底放弃了曾经心心念念的"美好样子"呢？

数百年前，曹雪芹借贾宝玉之口说过："女孩儿未出嫁，是颗无价之宝珠；出了嫁，不知怎么就变出许多不好的毛病来。虽是颗珠子，却没有光彩宝色，是颗死珠了；再老了，更变得不是珠子，竟是鱼眼睛了。分明一个人，怎么变出三个样子来？"

少女时代，我们憧憬甜蜜爱情，期待美好未来，将美好的事物绽放于心，闪闪发光；婚后，美好的爱情逐渐消散，生活的磨难给心灵带来创伤，时日越久，程度越深。不难看到，生活中许多已婚女人，少女时代大都明艳活泼，婚后除了少数生活富足、思想单纯，依然保留一些光彩之外，大都成为长舌妇人、撒泼刁妇，这便是鱼眼死珠，混沌无光。

过什么样的生活，就会长成什么样子，这句话说得太对了。

有人说，是婚姻让女人退步，让女人在稳定中滋生惰性，以为结婚了就是找到长期饭票，嫁鸡随鸡嫁狗随狗，从而放弃自我，潦草一生。这句话虽有一定道理，可也不能以偏概全。

不可否认，结婚后，很多女人的重心的确发生了转移，大多从工作转向家庭；而且，因为女性需要生育，在精力上会稍显逊色。可实际上，上帝赋予女人生育的权利，并不是所谓的“劣势”，而是让女性看到生命的孕育和绽放，是多么不容易，却又那么美丽。

结婚可能会让女人有所改变，但却不能改变女人积极向上的心气儿。正因为“我们是女人”，才要更加积极主动地去生活。

之前单位有一个女同事，四十多岁了，每天都精心打扮，给人感觉神清气爽，看上去仅三十出头而已。

不时有人问她：“这么多年，你每天坚持这样用心地打扮，会不会很累？”

她摇摇头：“习惯就好了。选择什么样的生活，我们就会变成什么样子，我只是想让自己老得慢一点。”

后来大家才知道，每天早上，她都会在六点起床，先在小区里跑半个小时，然后吃早饭、化妆；晚上无论多晚，她也会锻炼、敷面膜。周末，她还抽时间去健身。

这种坚持，确实很枯燥。但是如果你把它当作和吃饭、睡觉一样平常的事，就不那么难了。

不可否认，不管是未婚还是已婚，女人都害怕衰老，然而相比较而言，一个长期生活在抱怨、不满、缺陷和狂傲中的人，绝对会比普通人老得更快。唯有美好的性格和精致的生活品质，才能给我们一张抵得过岁月侵蚀的美好容颜。

十多年前，你或许觉得邓文迪很美，那时她和默克尔新婚宴尔，两人之间还存在或多或少的爱情。现在再看她离婚后的照片，你就会发现那张脸充满戾气，甚至有些狰狞恐怖。

十年前，你或许觉得李宇春因为“不那么明显的女性特征”成为超女冠军，是个天大的笑话。现在再看她，外形干净清淡，像一朵安静开放的蓝莲花，绽放在浮华喧闹的娱乐圈。

你的容颜里，有你生活的样子。努力修炼日益强大的内心，才能成为人群中那一抹最独特的色彩。守住自己的舞台，不让它变小；守住自己的理想，不让它枯萎。有了这样的心态，何愁不能过上像样的生活，何愁不能拥有美好的样子？

做你自己，当了“剩女”又如何

［第二章］

Chapter Two

现在，“剩女”仿佛已成为全民调侃对象。
可是，这个名号，吓倒的只是不能独立自主的女性，
让她们成为婚姻市场里的弱势群体。
为什么不对那些无聊的人群说一句：我剩不剩，
关你什么事！
抛却“玻璃心”，远离“直男癌”，自备女王心，
一个人就好。

我剩不剩，关你什么事

在日本，年过三十，未婚的女性被称为“败犬”。在中国，三十岁更是一道坎儿。男人三十而立，女人三十而嫁，未婚的女性会被称为“剩女”或者“剩斗士”。不管是日本的“败犬”，还是中国的“剩斗士”们，她们所面临的压力往往特别大。

家中父母兄弟姐妹、亲戚朋友，不仅天天电话催促，更恨不得随便抓起一堆未婚适龄异性，让你马上和他们见面相亲。日常生活中，你还要时刻面对别人怀疑你是否有性格缺陷，是否有难以启齿的隐情，以至于这么晚还不结婚。

都说老套的灰姑娘故事过气了，“剩女”的故事正在一寸寸侵占屏幕。网络上，“剩女”总是最热的搜索词汇。各类热门影视剧中，跟“剩女”相关的话题总是很火。

之前热播的《欢乐颂》，身边不少人都喜欢令人心疼的樊胜美。作为年过三十的大龄“剩女”——樊胜美，正如她的名字一样，胜美——剩下来的美女。

她是知名外企的HR，能养活自己，有姿色、有手段、有能力，30岁出头却还没把自己嫁出去。她相信“我有品，我有料，你值得拥有”，可是有大钱的看不上她，有小钱的她看不上。她心地善良，却是一个拜金女，一心想飞上枝头做凤凰，一身假名牌下有颗虚荣敏感的心。

当看到24岁的邱莹莹被爱情冲昏头时，她所说的那一番话又何尝不是我们自己多年惨淡情路的总结：“相信我，我做过多年人事，看人眼光毒辣。像我们这种老家不在本市的女孩，工作是唯一的依靠，千万不可为一个没出息的男人冒险。年轻时候天高地宽，容易为爱冲动，乱走一气浪费光阴。但等理智恢复，人已老大不小，前面的道路陡然变窄！”

电视剧里另一“剩女”安迪，智商很高但情商很低。被华尔街金融高管、高知海归、职场女强人等一系列光鲜标签笼罩全身，她从未在意过自己是否被剩下，只因她自带光芒，即使当了“剩女”又如何呢？

还有前段日子最热门的韩剧《太阳的后裔》，讲的是一个“剩女”如何谈一段旗鼓相当的爱情故事。女主角戏内戏外都自带光芒，“没有苦情戏，没有一方的卑微、一方的怜悯，没有人要弯腰也没人要踮起脚尖，柳大尉和姜暮烟的平等相爱，让两人的爱情更坦然、更随心。”

“剩女”这个名号，吓倒的只是不能独立的女人，让她们成为恋爱婚姻里的弱势群体。她们在亲朋好友的催促下，背离自己的真心，草率选择一个条件合适的男人嫁了，只是为了不当“剩女”。

为什么不对那些无聊的人群说一句：我剩不剩，关你什么事！你越是在乎这个名号，越是处处受人冷眼，好像就因为大龄单身你就抬不起头来做人了一样。其实再坚持一下，又能如何呢！女人与女人的区别，不过是有人为自己而活，有人却做不到。

娱乐圈里有一对这样的姐妹，两人同一天相互庆祝生日，一个过40岁生日，一个正式进入42岁。

如果年过30岁未嫁算是“剩斗士”，那么年过40岁的她们就该是“黄金剩斗士”了。她们在40岁做的事情，是把前男友变成朋友，把独身活成另一种幸福，完全为自己而活，她们就是舒淇和徐静蕾。

舒淇是一个很有魅力的女人，她活得洒脱真实，不摆架子，不因为明星身份而刻意造作。男生爱她，女生也爱她，和这样的女人相处起来，毫无压力。

只是，即使影后奖杯在手，也无法阻止众人追问，“年过40为何还不结婚”，舒淇只能委婉地说：一直不想凑合地爱一个人。

选择婚姻，还是继续追求心中的爱情，她完全有选择的权利，就像那些年她和张震似是而非的感情。两人拍吻戏时，舒淇曾经说过：“我和张震开始担心是不是吻得太久了，于是停下来，发现导演和摄影师已经在抽烟了。”拍电影《刺客聂隐娘》时，两人再次合作，舒淇对张震说：“你还不是娶了别人。”不过玩笑归玩笑，该拍对手戏还拍对手戏，做不成爱人，就做好友吧。

不论媒体如何宣传，粉丝如何揣测，张震的婚礼，她如约出席。被新娘邀请上台，她哭着送上祝福。自带耀眼光芒的舒淇就是这样一边享受生活，一边继续等待不将就的爱情。

徐静蕾一直说，不结婚是幸福的好多种方式之一，虽然近几年她的作品不多，但生活却被自己经营得特别忙碌。她给自己放假两年，去纽约大学学习，有时还不务正业，做陶艺，学缝纫，练字，只有在看到心动的剧本才回归演戏。

当别人问她，你准备什么时候结婚啊？徐静蕾的回答很直接：从情感上讲我不需要保障，经济上更不需要谁保障我，我为什么要结婚？

但是我们要知道，曾经的徐静蕾并不是现在这个强大的自己。以前，她极度没有安全感，还差点儿为爱去跳河。但是，年龄和阅历，成了她的盔甲，如今她再也不是当年那个为爱情死去活来的小女孩了。

舒淇和徐静蕾的40岁，心智成熟，独当一面，没有特别了不起，也没有充满仪式感的惊天创举。她们依旧在无数揣测与催促中，活成了自己的样子。对于生活，自由随心又收放自如。对于爱情和婚姻，她们并不在意别人的眼光，只想按照自己的意愿坚定地走下去。

无论身处什么年龄，都不是将就和屈服的理由。你只管做好你自己，把自己过好，你才有底气让自己从“剩女”走向“胜女”。

其实自带光芒的女人，要面对的最大压力并不是自己的优秀，而是该如何修炼一颗坚强的内心，去面对纷纷扰扰的感情。

那颗心，敢于爱我所爱，不为世俗偏见而变得瞻前顾后、犹疑不决；那颗心，知道自己真正在乎的是什么，爱就在一起，不爱就分开，一切再简单不过；那颗心，不是假装坚强，而是坦然面对自己，扔掉那些旧“裹脚布”，过自己想要的生活。

套用他人的一句话：“但愿所有女人的爱情都是锦上添花的钻石表，而不是雪中送炭的湿棉被。”

谢谢你前任，教会我成长

“前任”，是一个褒义词，还是贬义词，这要看当事人的遭遇和感受了。对于前任的感情，我们是藕断丝连，还是早已忘记，这就要看曾经爱得多深了。

晚上正准备休息，有一阵子没有联系的学妹融融突然发来一段话：姐，你说对于前任，我们到底该抱有什么样的心态？

我回复：有的人还爱着前任，有的人恨前任，还有的人对前任心存感激。大半夜的怎么还不睡觉，你说你是哪一种？

融融说：曾经来过但现在已经远去的爱情和爱人，我们真能感激他们吗？我今天在万达广场见到了他。

融融是我的学妹，比我低两级。我们相识于校园，由于比较谈得来，毕业后兜兜转转，联系一直没有断。关于她和她前任的故事，我略知一二。

大学毕业那会儿，经常看到情侣们抱头痛哭、劳燕分飞的场景。很多校园爱情因为空间的阻隔走向了终结，但也有的爱情飞出校园后，依然执拗地延续着象牙塔里的浪漫纯真。

这个叫融融的学妹，与她当年的男朋友（也就是她的学长），是在一次迎新晚会上认识的。这个前任君长得人高马大、一表人才，颇受姑娘们的青睐，初入大学校园的融融，很快被他吸引。一年后，他们果真走在一起了。

两人在一起时，融融大二，前任君大三，两人在校园里酣畅淋漓地享受了两年美好的恋爱时光。前任君毕业后去了北京，痴情的融融等了他一年，毕业后也迫不及待赶往北京与前任君相聚。

这是一段注定颠沛流离的感情。

融融在北京还没立稳脚跟，前任君却因工作调动，要去南京了。从北方首都到南方古城，这是个很残酷的距离。身为北方姑娘的融融没有多想，又跟着前任君赶赴陌生的南京。

他们在六朝古都南京，曾度过一段很美好的时光。玄武湖畔的明城墙，鸡鸣寺旁的旧台城，明孝陵里的沧桑古林，还有秦淮河畔的夫子庙，中华门外的雨花台，新街口的地铁站口，从南京城的名胜古迹到大街小巷，都留下了他们甜蜜的记忆。

南京先锋书店（五台山总店），曾有一句很有名的话——“大地上的异乡者”，融融很喜欢这句话。自己虽然是个异乡者，但是那时，她是真的想一辈子跟前任君在一起的，有他的地方就是家。

但是，再多温馨浪漫的回忆，也抵不过现实的冰冷和残酷。就像电视剧的狗血桥段一样，前任君竟然在偌大的南京偶遇他的初恋，而且两人还旧情复燃了。转眼间，前任君将他的前任变为现任，而融融一夜之间则由现任成为前任。

失恋后的融融痛哭了很久。尽管前任君将他们共同买的小公寓留给了融融，在生活、工作等方面也尽量照顾她，但是融融依然解不开这个心结。她明白，也许分手后的关心是真的，可那关心毕竟变了性质。他已经离开了，已经把共同的回忆扔下了，自己再也不能用美好的旧时光一再原谅他。在这座城市里，她只能独自一人慢慢疗伤。

慢慢地，从失恋中走出来的融融，在职场上越走越顺利，收入渐增，也开始懂得充分享受一个人的生活。她一有假期就去旅游，足迹遍及中国香港、中国澳门、中国台湾、新加坡、马来西亚和泰国。如今的她，活得精彩、惬意，依旧相信爱情，但她不会让爱情把自己吞噬。

日益成熟的融融，想念老家年迈的父母，于是索性卖了南京的房子，回到山东老家重新寻找工作。她也打算在这里正式开始一段新的感情。

很多时候，前任像一道不能揭开的伤疤，一旦提起，就会鲜血淋漓，只能永远尘封在记忆里。与前任君这次意料之外的偶遇，让融融想起了曾经的美好和伤害，可是又能怎么样呢？

有的人还爱着前任，也许有朝一日能复合；有的人恨前任，从此老死不相往来，或者怨气伤人数十载；还有的人抹杀了一切过往，忘记了前任。

有一段话特别动人，至今难忘："当少年时代的灵性随时光而去，我们中大多数都要接受日渐平庸的人生，可是总在某个午后或某段旋律中，目光会穿越迢迢山水，感激那曾经来过的爱情。岁月忘记，我未忘记。世间曾有你我，到处亦明媚。"

无论结果如何，谢谢你前任教会我们成长，让我们以更成熟的心态迎接下一段恋情，以更强大的勇气去面对未来的生活。

阿冰是我的大学同学，跟前任分手很多年后，一直没有开始下一段感情。

一次见面吃饭的时候，我问他为什么还单身?

他说他忘不了前女友，曾经真的很想和她过一辈子，如果她能回来，他一定不会让她再离开他了。然后阿冰又和我回忆了很多他和女友在一起的情景，阿冰说:

她不在身边，再没人提醒我带伞。走在街上突如其来的暴雨把我全身淋得湿透，那一刻很想她。我身体不好，被雨淋后又开始头痛，这时会想起以前她总有很多一试就灵的窍门给我治头痛。

她不在身边，再没人为我的临时出差，细心准备好所有物品。手忙脚乱出了门，总是发现不是少了充电器，就是忘了带钱包，那一刻很想她。

更不用说想要出门旅行的时候，以前总是她提前数周制定线路、购买车票、预订酒店，将一切安排得井井有条。现在当我想要出门玩的时候，总能想起她，只觉得现在的一切索然无味。

在她身边的时候，我像个小孩一样，生活能力低下，一切任由她打理；离开她，生活一团乱麻，我慌乱无措、萎靡不振，却再也无法将她盼回来……

阿冰前女友我是认识的，他们分手后，女孩在济南工作并有了新男朋友。后来我组了一个局，请他们吃饭。

阔别多年后，两人再次相见，阿冰没有一见面就抱着她哭，求她回心转意，也没有脸色难看，沉默不语，让现场尴尬无比……相反，他异常平静地吃完这顿饭，还不时跟前女友有说有笑。

饭后阿冰跟我感叹说：不知道为什么，吃饭的时候忽然觉得自己释然了，放下了千斤重担一般，浑身说不出的轻松和痛快，那么多年过去，看来我是终于放弃了，原来忘掉一个人也并不是那么难的一件事。

对于前任，普鲁斯特曾说："我们听到他的名字不会感到肉体的痛苦，看到他的笔迹也不会发抖，我们不会为了在街上遇见他而改变我们的行程。情感现实逐渐地变为心理现实，成为我们的精神状态：冷漠和遗忘。其实，当我们恋爱时，我们就预见了日后的结局，而正是这种预见让我们泪流满面……”

很多时候我们怀念和前任曾经的美好往事，但是怀念并不代表回头，不代表放弃现在。让那些曾经的美好成为回忆的一部分，让我们珍惜好当下，让未来的我们不再有前任。

不是非你不可

这世上有太多姑娘，一不小心成了第三者。有的是不知情，有的是为了某些目的。艾妮是前者，她觉得自己只是在坚持爱情。

艾妮是我小区里的邻居，有一天晨跑的时候我们偶然认识的。

她身材高挑，面容娇俏，皮肤保养得宜，年近三十依然单身，做房产销售工作。

有一天晚上，我和先生在小区里散步，忽然看到艾妮踉跄着从小区门口走进来，醉醺醺的样子几乎要摔倒。我赶紧上前扶住艾妮，把她送到家里。

艾妮的家是小区里最小的那套户型，装修得很好。头一次走进她的家，我不由得有点儿吃惊其小巧、精致。

把她放下之后我正准备走，艾妮忽然泪流满面地拉住我说："姐，不要走，跟我聊聊天吧。"

我有点儿意外，但还是留了下来，听她讲自己的故事。

三十未婚的艾妮，已经有了一个谈了将近五年的男友，不过他是有妇之夫。男友跟她一个公司，并且是她的上级。艾妮刚进公司没多久，他就开始疯狂地追求她。

艾妮那时青春年少，涉世不深，对这个年长八岁的成熟男人一见钟情，两人很快走到一起。

在一起之后，艾妮才知道这个男人已有家室。可是，覆水难收，两人当时已经如胶似漆。艾妮犹豫之后没能斩断情丝，她相信了男人的誓言——他根本不爱自己的妻子，三年之内会和妻子离婚，迎娶艾妮。

艾妮相信，在爱情里，只有爱与不爱之分，没有原配与第三者之别。那么，她的爱又有什么错呢？最后艾妮住进了男人为她买的这套房子里。

三年里，虽然小三的爱情不能见光，也不被祝福，但是艾妮沉浸其中。她觉得这一切都不重要，只要自己爱他，他也爱自己，只要他会离婚娶她，那么一切都值得。然而直到有一天，艾妮得知男人跟老婆居然有了孩子，她的美梦才被无情打破。

刚知道这个消息的艾妮，差点儿昏厥过去，被欺骗的感觉让她近乎疯狂。如果他不爱妻子，为什么还会和她有孩子？如果他爱的是自己，为什么迟迟不给自己一个交代？说到底，他爱的还是他自己。孩子的降临，让艾妮意识到自己才是那个局外人。

然而，等她意识到这一切的时候，她的青春已经不知不觉地溜走了。艾妮想这么多年大好时光，耗在一份没有结局的感情上，她不甘心，逐渐滋生了恨，而恨又助长了痛苦。

艾妮说，她曾经用过各种方法给他施加压力，喝酒、自残，生气时砸东西。刚开始他还会紧张，一个电话就会立马奔过来安抚她。艾妮说她爱他已经忘了爱自己，于是一次次原谅了他。可是后来，艾妮逐渐明白，有了孩子，男人和妻子更不可能离婚，知道真相的艾妮越来越痛苦，于是只能无休无止地闹。闹得多了，男人也就麻木了，两人感情破裂是迟早的事。

其实，艾妮只是一个追求爱情的普通姑娘，可是她在最美好的年龄却爱错了人。我相信她做这一切，真的是为了爱情，也为这份不见光的“爱情”付出了很多很多。可是，残酷的现实却昭然若揭——那只是她一个人的爱情而已，对方从来没有进入过角色。她在爱情里自我感动，却不知道那不过是自己的想象，与真正的爱情无关。

我问艾妮，为什么不主动离开那个男人？艾妮却说，这是她用整个青春去爱的男人，两人一起经历了太多。日复一日，这个男人已经长成了她身体里的恶性肿瘤，让她痛苦而又无法摆脱。

也许正因为如此，那个男人才对艾妮有绝对的掌控权，他不再紧张她的每一次折腾，因为他知道她终究会向他认输。或许他也是爱过吧，不然也不会纠缠五年。只不过他嘴上说爱，行动上却不能为她让步太多。对于男人来说，这场感情不过是一场打着爱情幌子的游戏而已，并不是真的非你不可。

已经到下半夜了，我离开了艾妮华丽又冰冷的屋子。想想这世上还有那么多的傻女人，以为爱情不分对错，稀里糊涂走在爱情的歧路上，等到意识到爱上的是一个错的人，却已经无法回头，只能令自己一次次地受到伤害。

你以为遇到了真爱，可实际上，你们对这段感情的感受完全不同。若真正深爱，那个男人会忍心看着你受委屈而无动于衷？知道你一心想嫁他而百般拖延欺瞒？若真正深爱，怎么忍心让你们的关系永远在不见光的地方止步不前，看着你心碎神伤依然我行我素，清楚你想要什么却毫无行动？其实，他一定不爱你！

亲爱的姑娘，你一定要明白：你所谓的美好纯真的爱情，不过是你自己营造出来的假象而已，与真爱有着天壤之别。世间假象太多，有些爱，真的不是非你不可。

放手，是为了成全你的幸福

女人三十，仿佛是一道坎儿。过了这道坎儿，如果你还是单身，那么你在很多人眼里便是“剩女”了。

我的朋友艾丽，出人意料地成了剩女。

“你怎么可能剩下？在大学里，追你的人不是能组成一个连吗？”我问道。

“都阵亡了，变成了别人的老公，别人孩子的爹。”艾丽说。

“怎么会呢？是你拱手相送的吧？”

“呵呵。”艾丽用这两个字回应了我。

艾丽给我讲了她的故事，是她多年未忘的一段恋情——这段恋情的开始，我知道，但是结尾我却没有猜到。为了更加方便讲述艾丽的故事，这次，我用第一人称。

长江以南的这座城市，冬天只下雨。但是那一年，却反常地下了雪。就在雪地里，我第一次见到了许飞。

那是在“西祠胡同”的一次聚会，雪地里的一大群人，把南师大留园满满铺开。我捧着刚买的栗子，被发小拉到了一个男人面前——是的，这是一个真正的男人。在一大堆稚气未脱的学生面前，他显得很成熟，在被风霜雕刻的挺拔硬朗里，还微微透出一丝让人安全的彪悍。

我吃着栗子，听着发小对他絮絮地介绍：他名叫许飞，是飞行员，来自西北，从部队来到大学进修，今年28岁……

我从厚厚的衣领里歪着头，瞄着他看：一个会飞的男人。就在他的身后，风旋起残雪，在万道金光里，仿佛一架银色的飞机冲上云霄。

雪景里灿烂的阳光让我鼻子痒得厉害，然后我打了个喷嚏，手里暗红色的栗子便撒了一地。他急切地弯腰去捡，还叫我赶紧活动下，说什么人在打喷嚏时体温会骤降两度半，此时如被冷空气侵袭，极易感冒。

听着他的玩笑，我和发小都呵呵地笑了。发小打趣道，“啊哎，看不出啊许飞，一本正经的你，一看到美女，也会来这一招啊，我们艾丽可不吃你这一套呢，追她的男生都快一个加强连了，你要追的话，可要先排队啊。”

许飞笑笑，说，“我早有耳闻了，可你们别忘了我是飞行员啊。飞行员，是从不排队的。他们会穿越天空，在一阵眩晕里向你俯冲直下……”

雪地聚会后，大家去了“1912”街区的真爱酒吧。1912，对这座城市永远有着特殊的含义，20世纪的这一年，一个政府在这里成立，旗袍与军人，似一场烟花般的繁华转瞬即逝。现在，“1912”只是偌大城市的一条街，酒吧林立，成了新世纪新新人类的狂欢之地。

灯光很暗，我和发小一人一杯红酒，正浅尝低酌着。

许飞坐到我身边，说道，“你是个很特别的女孩呢！眼睛很大，心很深，无论面对怎样的惊心动魄，你都能心静如水吗？”

一刹那间，我的手一抖，许飞的手适时伸了过来，接住了我手中的酒杯，里面还有最后一滴，一滴胭脂泪在他的把玩下轻轻晃动。

许飞做了一个令我惊讶万分的举动，他仰起头，把这滴酒喝了下去。然后说道，“呵呵，酒入愁肠化作相思泪！味道不错呢，加冰的，所以颜色有些深，有些红，喝得虽然舒服，却是很容易醉人的！”

我笑笑说，“没想到啊，许飞，就这一滴酒也能让你品出这许多滋味。”

“那当然了，酒一滴就能品出好坏，人一面就能情定终身！”许飞说道。

我承认，我对所有的男人都是设防重重的。有什么办法呢？他们总是如蜂如蚁追求着我，而手段又总是那样千篇一律，这真让我恶心。可许飞不一样呢！对于好的男人，没有女人能够拒绝，哪怕仅仅是因为虚荣。

那晚，我们聊了很多，他谈起了他挚爱的大西北，他驾着庞大的轰炸机，飞越雪山，飞越黄河，吓惊了草原上的马群。

我说，其实南京郊区就有一座飞机场呢。那里面有宋美龄的座机。什么时候我们一起去看啊。

好啊，一言为定，来，干杯！

我举杯去和许飞碰，我相信自己没有用力，或者我有些激动，用力了也不可知。总之，两杯相碰，砰！酒撒杯裂，有一滴胭脂泪从杯缝里沁出，触到我的指尖，很凉！立刻我便有种不祥的预感，觉得那个近在咫尺的飞机场是去不成了，不禁神色一黯。

许飞开始约我。

那天，我正和发小在新街口买衣服。他打来了电话，说外面正下着小雨，问我有没有兴趣看烟雨朦胧里的鸡鸣古寺。

我毫不犹豫就同意了，旁边的发小一愣，问我是不是真的打算和许飞交往。艾丽，你要明白，你们有代沟，你们相差五岁。还有，他一毕业就回大西北的那破飞机场……发小边说边一把拉住正仔细挑选咖啡色连衣裙的我，说，“大西北，你又不是没去过，在那儿可穿不了连衣裙。”

我说，“你没有觉得这咖啡色的连衣裙很古典吗？正好配那烟雨迷蒙里的古寺。”

尽管发小苦口婆心，可我还是撑着一把雨伞，走进了鸡鸣古寺。站在寺口的许飞，换上一身军装，手上居然拿着一束火红的玫瑰。玫瑰是俗艳的，可把玫瑰带进古寺里的人还是惊世骇俗的。我接过玫瑰，看着他英武笔挺的军装上腾起的细细水汽，配着我的雨伞，还有长发和这古典的连衣裙，眼前的一切恍若民国，是我最钟情的年代。

寺院的小尼看着我们走进来时，吓了一跳。小姐，你的花……

许飞抽出一朵来，递给她，说：“也送你一朵吧，看你在雨中，也挺辛苦的。”

小尼立刻满脸通红，没有接花，当然也没有拦我们。

登上那可俯瞰整个南京城的豁蒙楼，我说，许飞，你可真不厚道啊，居然调戏尼姑呢！许飞却是一脸无辜，说：“我只是随机应变罢了，军队里学会的。要不，我送你的花可带不进来了。”

“那你送我花，也是随机应变吗？”

“那肯定不是了，这花，这地方，可是我精心挑选的。南朝四百八十寺，多少楼台烟雨中，可如今南京城里，也只剩下鸡鸣寺这一座了。而像你这样的古典美女，恐怕整座南京城里也只剩你一个了。”

“少来”，我笑着说，“不过，鸡鸣寺我来了千百次，最有情调的还是这一次呢，只是有点儿冷。”许飞适时地靠了过来，轻轻地揽着我的腰，看向远方。说，“从这里能看到整个南京城，我真喜欢这样广阔的视野。”

“那是你开飞机开惯了吧，对了，你的飞机叫什么名字？大不大，里面宽敞吗？”

“它叫惊云！很大，很笨重，但是飞在天空里，却轻如一根羽毛。”

许飞望着天空，无限神往地说道。

我后退一步，看着他无限神往的表情及作势将飞的上半身，仿佛一架想要腾飞的飞机，好一个凌云壮志的男儿！我说，我送你的飞机一句诗吧：愿你做最高最白的云，在所有的飞鸟之上。

许飞一愣，“好诗啊！可当你真做了飞行员，你就会发现那其实是很枯燥的，飞在天上的人总是感到孤寂的。”

“高处不胜寒嘛！什么时候把我带上天去，我会给你讲笑话，你就不孤寂了。”

许飞回过头来，定定地看着我，“你真愿意和我一同飞翔吗？高飞于蓝天之上，俯视苍生，直到永恒？”

“我愿意！”我说这话时出奇地冷静，当他的头低下来时，我翘起脚尖迎了上去。我们接吻了，在这高处不胜寒的豁蒙楼上，面对着寂无人烟的鸡鸣寺和凄风苦雨里的整个南京城。这样的真爱告白，在这样的环境里，更能刻骨铭心！

时间过得很快，我和许飞在一起已快半年了……

有一天，我笑着对他说，“明天晚上你能来东郊宾馆吗？我会在那儿等你。”

许飞突然有些紧张，问是什么事。

我只问他敢不敢来。他同意了。

其实明天是我的生日，爸爸将在东郊宾馆为我办生日宴会。那天客人来得很多，门外停满了军车，出出进进的都是英俊的军官和白发的将军。

发小说的没错，每次我的生日在外人看来都像是军事会议。我穿了一套刚从日本空运过来的连衣裙，挽着爸爸的手，站在门口迎接客人。

宴会开始，大家落座，可我的左手边一直空着，发小跑来问我是给谁留的，我只是笑笑，说你待会就知道了。这时我的手机响了，我跑出去，看到了许飞。很可惜，他穿的是便装。他说看到了很多军车，问我怎么回事。我说里面在召开军事会议。

“那我们来这干什么？审判我吗？”他也打趣我。

“对啊，就是审判你。你进来，我带你见一个人。”我把他拉了进来，他一看到那么多人，愣了下。发小最先看到了许飞，发出了一声低呼，跑过来拦住他，“许飞，你怎么来了，今天是艾丽生日，让她爸看到，你就死定了。”

“什么？你的生日，你的爸妈长辈都在这儿？你怎么可以这样……”许飞显然有些生气。可我不管，我死死地拉住他，绕过发小，直接来到爸面前，“爸，给你介绍一下，这是我的男朋友，许飞，一个空军飞行员！”

我的声音并不大，可全场人都听到了。突然一片死寂，所有的人都看向我和许飞，开始窃窃私语。爸正端起的酒杯停在了空中，表情僵硬。而许飞的脸更是白得可怕，我拉他，他竟然恍然未觉，只是抿紧嘴唇，突发似地向全场人敬了个军礼。

回到家里，我对爸爸说，我将来要嫁给许飞，如果你还疼自己的女儿的话，就把许飞调过来。

正在看新闻的爸转头看我，“他值得你这样做吗？他只是个普通的飞行员，如果你愿意，我会为你找个空军少将做男朋友。”

“爸，我抱着他的脖子，你要真为我着想，就应该把他提拔成少将才对啊。”

“怎么？这是许飞说的吗？”爸微微扬眉道。

“当然不是了！他为了我，把你的同僚都得罪了，那可是多大的勇气。”

“是吗？也许他并没有想到会到这一步，只是被你推上风口浪尖的吧。”爸转过头去边看电视边说，“女儿，我答应你的，我会做到，可我不敢保证他会做到。”

新年过后的某天，我知道了许飞将被调到南京来的消息，但不是他告诉我的。他很少给我打电话。我打过去，他也只是说些不咸不淡的话。

偶然的机会，我在新街口看到了他，身边还有个女人，没有我漂亮，年轻，穿着也很朴素，一看便知是来自普通人家的女子。

好久不见了。许飞还是那么亲切。他把那个女人介绍给我认识，说是他的未婚妻。

那个女人说要好好谢谢我，说要不是我，他们两个便不能一起调到南京来，只能一辈子待在大西北。

我愣住了，发生了什么事？他有未婚妻，却从未对我说过。我只要求把他弄过来，我爸却连他的未婚妻也捎带弄了过来。我突然间便明白了他为什么回避我，与其说他不想伤害我，不如说为了轻松地脱身而出。

许飞，你把我当成了什么？一次艳遇吗？看看我的容貌消遣，听听我暧昧的话语怡情吗？或者你接近我只是想利用我？还有我深爱的父亲，他应该知道所有的事，为什么瞒着我？我本以为能掌控一切，到头来，却发现他们都赢了，唯独我输了。

我死死地盯着许飞看。他别过了头，眼中有着痛苦的泪光，他的英雄气概荡然无存了，我心底有了无声的叹息。

那女子并没有介意我霸道的眼神，一手拉着我，一手拉着许飞，进了一家小饭馆。她是一个爽直的女子，有我喜欢的善良、大度与几许的烈性。她一次次地向我敬酒，虽然我一滴也没有喝，可她还是一次次地干了杯，整整两瓶白酒。

她为什么这样做呢？要我放过许飞吗？许飞只是沉默着，含着泪，抬手去挡她的杯子，但都被她闪开。我突然间变得不知所措。如果她朝我撒野，那倒好办了，我保证让她和许飞在南京待不下去。可她这样灌醉自己，只是为了心爱的男人。也许，她更懂得爱许飞吧。

在她醉得不省人事后，我起身对许飞说，我原谅你。听我这样说许飞的眼泪立刻淋漓而下。这是我第一次见他哭，哭得这么汹涌澎湃，却不知他是为了谁！

最终，我没有坐上许飞驾驶的轰炸机，他也没有陪我去看“美龄机”。

我孤身一人来到了那个破旧的机场，它位于南京以南一个荒凉的地方，跨过一条小河就到了，那架锈蚀颓败的美龄专机，气势还在，却已破旧不堪。多年以前，作为蒋的女人，她就坐着这架飞机在美国、在欧洲满世界地转，为祖国带来了陈纳德将军的飞虎队。可我想，我最终成不了宋美龄那样的女人，而许飞也仅仅是个飞行员。

我终于想明白了，或许我并不适合与许飞相爱，他的妻子会每天安静仰望蓝天等待他的降落，她才是许飞安全降落的跑道，而我根本不适合做他的跑道。

正当我要离开的时候，有人在背后喊我，艾丽！

我回头，是发小！她说，艾丽，我告诉你一个秘密，许飞的未婚妻，是认识你之后才找的。他是爱你的，可能有难言之隐，他必须做出选择！

“什么选择？”我问。

“放弃你，或者永远无法调来南京。许飞最后屈从了，他说这样至少还能看到你。他要我告诉你，即使你真的跟了他，也不会如意的。许多东西，他都给不了你。他只有真爱，而真爱是养不起一个公主的。”

突然地，我泪流满面。

轰隆隆声中，一架巨大的飞机飞向天空，直上云霄，而我却被留在了地上，永远的。

……

看了艾丽的故事，也许大家能猜出她的身份——她是一个公主，是一个功勋卓著的将军最爱的掌上明珠，这样的女孩注定只能嫁给王子。现实很残酷，一个凡夫俗子如何养得起公主呢？

说到这里，或许有人觉得这是宣扬门当户对的陈旧观点，可是爱情毕竟不是童话里美丽的空中楼阁，烟花绚烂之后终归要降落于柴米油盐的生活中。谈恋爱时，两个人一定要真心相爱，然而谈婚论嫁的，未必是最爱你的人，但往往是最合适你的那个人。

有些人看清了真相，心中纵有千般不舍、万般无奈，但依然决定放手，给自己留下喘息的缝隙，也给彼此退让的空间。这不是懦弱，也不是没有担当。多少痴男怨女，彼此不放过对方，相爱相杀，纠缠一生，枉费了多年的情深义重。

爱到深处，唯愿你过得更好。放手，是不愿伤害，是大度成全。放过，别过，此去经年再相见，才可能相逢一笑，泯灭所有仇怨。

承认吧，你们不过是在谈一场快餐化恋爱

经济飞速发展，使得人心变得浮躁。在满大街充满诱惑的速食年代，有多少人在谈一场快餐化的恋爱?

我问身边几个人：“你为什么不谈恋爱？”

答曰：“相亲了几个，感觉都不合适啊。”

问曰：“你目前的恋爱状况怎么样？”

答曰：“接触了几个月还凑合吧，准备结婚了。”

问曰：“你怎么又分手了？”

答曰：“我和他不合适，就早点分手算了。”

快餐化时代，感情来得快，去得也快，仿佛这是一场战争，速

战速决最好。两人接触没几个月，感觉能合得来，在没有深入了解的情况下，就开始订婚、结婚。婚后出现矛盾，不想也不愿弥补，马上以离婚作为解决法门……这样的事情每天都在发生。

不是我不懂，是这世界变化太快。可能时代真的变了，人心不古，生活也是这样。从前的缝缝补补变成了直接网购换新，从前厨房里慢悠悠的锅碗盆瓢协奏曲变成了送货上门的快餐外卖，从前的“月上柳梢头，人约黄昏后”变成了约会、吃饭、开房、拉黑……真正的感情藏到哪里去了？

木心先生说，“从前的日子很慢，车、马、邮件都慢，一生只够爱一个人。”现如今，“爱都可以做了谁还去谈”，爱情的“实相”变得渐行渐远，遥不可及。“云中谁寄锦书来”的美好浪漫荡然无存，“衣带渐宽终不悔，为伊消得人憔悴”的痴情早已付给晓风残月。连日常感情生活的维系，也都因为活得太自我，结果往往是一败涂地。

父辈们“先结婚后恋爱”的模式，也许会一生好好走下来，也许会一辈子磕磕碰碰，谁都无法预料。但是，他们一生相互扶持，同甘共苦，一起面对一切的信念，恰是我们年轻一代所缺少的。

去公园散步时，总能看到不少银发夫妻携手而行，走在夕阳下的林荫道上，温馨静默，背影格外动人。

执子之手，与子偕老，这让我想起很多年前，我曾遇到的两位老人。

当年，我在N城工作。临时租房的院子里，住着两位老人，都已经六七十岁了，儿女均不在身边。

老太太是个脾气暴躁的人，一把年纪了还喜欢为无所谓的小事与老爷爷拌嘴。两人甚至有时一个用拖把，一个用笤帚打架，闹得左邻右舍鸡飞狗跳、不得安宁。但是每次吵完发泄完，老爷爷都会帮着老太太一起收拾屋子。

老太太还在赌气，眼睛一瞪，叫老东西滚一边去，但是老爷爷还是厚着脸皮帮老奶奶收拾屋子，脸上堆满笑容。

后来，老爷爷查出癌症，老奶奶每天都在身边照顾他。经常看到这样的场景：一大早，老奶奶推着坐在轮椅上的老爷爷去医院做检查，无论刮风还是下雨，从来没有间断。

随着老爷爷的身体越来越差，老奶奶的脾气越来越好。以前是老爷爷哄着老奶奶，现在变成了老奶奶哄着老爷爷。

老爷爷走后半年，老奶奶也走了。有人说，老奶奶是殉情，随另一半走了，觉得自己活着没意思。也有人说，老奶奶也患有疾病，只是老爷爷需要照顾，她只能硬撑着。现在，老爷爷走了，她就没有了强撑的信念，身体因此一下子垮了。

尽管爷爷奶奶那个年代的婚姻大多是凑合的，婚前没什么感情可言，但是几十年的风雨同舟，婚姻到最后反而历久弥新。老奶奶死去的那一天，邻居大妈嗑着瓜子说，这俩人一辈子挺合适的嘛……

烟火人生里有风雨清愁，言语欢笑里也有无尽枯寒，白头偕老从一而终的背后，不知道要经历多少动摇、多少怀疑？

尘世里多少悲苦离愁，婚姻里多少艰辛忍耐，可是生契阔与子成说的时代已经过去。现在的年轻人，一味张扬个性，不去反省，以爱情的名义行荒唐之事，只能是从一个错误走向另一个错误，陷入死循环，不得解脱。感情中一旦出现矛盾，他们不是想办法化解矛盾，却动辄以离婚威胁，缺少了同甘共苦的决心，便少了全心全意的信任。

没有忍让与包容的婚姻，就如同没有基石的空中楼阁，如何经得起人生的凄风苦雨？

是的，现在的你，不过是在谈一场快餐化的恋爱。有朋友相亲，就像赶场子，中午一场，下午一场，有时候下午安排两场，周末还要多安排几场。

我说像你这样频繁地见面相亲，能有什么感觉？对方说见得多了，万一能碰上感觉好的呢？

其实，感觉的产生，不是说见一面就有那种触电的感觉，这种概率实在太低了。有些时候，我们只不过需要安静下来，让彼此之间慢慢相处，让自己逐步成为适合对方的那个人。

没错，我们都在寻找最合适的那个人，却没人愿意改变自己成为适合对方的人。

两个人在一起，全看我们愿意为对方牺牲和改变多少。爱情需要两个人付出同等的爱，而不是一个人徒劳的努力。不要用不合适当借口，去解释你不愿意去退让、去改变、去包容的现实。

现在的人都太着急，什么都快餐化，希望任何事情都能一锤定音。正因如此，感觉才会那么难以产生，一见钟情也就成了神话。

越着急，越难以心动。如果你慢慢来，没准一瞬间就觉得这个眼前人还真不错。我们有时会看到这样的情侣，当初相亲的时候谁也没有看上谁，转了N多年之后，都单着，回头仔细一看这人其实也不错，于是两个人就在一起了。

什么都可以快餐化，唯独感情不可以。希望在这个浮躁而脆弱的时代，我们能慎重选择，用坚守的深情牢牢维护我们的爱。

姑娘，永远不要放弃自己的期待

热播电视剧《女不强大天不容》里，有一个叫罗美林的女人。虽然在电视剧里戏份不多，但可以看出来，她是一个悲剧女人。

作为报社里漂亮出众的海归知识分子，罗美林心高气傲，在与原社长的感情受挫后，不仅在一气之下举报了原社长，而且自己也因此得了抑郁症。之后，她长期依赖药物，行为处事颇多怪异，最终在一次工作争吵之后跳楼自杀了。

女人由于感情支撑点的单一，容易陷入死胡同里走不出来。条件优越的罗美林，因为走不出情感创伤的阴影，放弃了对爱情和美好事物的期待，长期生活在抑郁纠结中，冷漠地将他人拒之于千里之外。她的自杀令人感到惋惜，现实生活中这样的人也有很多。

有些姑娘，或许曾经爱情至上，对爱情充满了太多的憧憬；或许自尊心太强，经不起失恋或者婚变的打击。爱情的错失使她们长期背负被背叛的沉重包袱，不能自拔。更有甚者，有些人一辈子生活在仇恨之中，从此放弃了对爱情、对自己的期待。

50 岁才结婚的著名女作家铁凝，从未放弃对美好爱情的期待。

1991 年 5 月的一天，铁凝冒雨去看望冰心，冰心问她："你有男朋友了吗？"

铁凝回答："还没找呢。"

90 岁的冰心对 35 岁的铁凝说："你不要找，你要等。"

2006 年，铁凝接受采访时，说："我不是独身主义者。我对婚姻也有好的期望，可我从来都是做好了失望的准备，因为我觉得做好了失望的准备，才可能迎来希望。但可能我准备得还不是特别充分。"

2007 年，50 岁的铁凝等来了华生。她说："我一直记得她（冰心）说给我的话——你不要找，你要等。她的话在我听来充满禅机。一个人在等，一个人也没有找，这就是我跟华生这些年的状态。我说对爱情要有耐心，当然期望值不必过高，但不要让希望消失，我想是这样。

永远不要放弃自己的期待。”

铁凝与华生的爱情，不是一见钟情。他们都是精神世界极其丰富的人，他们的相爱，源自从未放弃对另一半的期待。他们相信幸福的前提是心灵相通，是价值观和生活态度相契合。

姑娘们，请永远不要放弃对美好爱情的期待，你和那个对的人的美好爱情，绝不是蜷缩在现实之下物质与爱情的纠葛与对撞，而是两颗灵魂的相互吸引，是两颗真心历经世事沧桑和情感历练后的交汇与融合。

在电影《北京遇上西雅图之不二情书》中，生活和感情的麻烦接踵而至。汤唯扮演的女主角陷入痛苦绝望中几乎不能自拔，却意外地在拉斯维加斯的教堂里，看到了爷爷奶奶的一场特殊而又感人至深的婚礼。

他们的爱，没有一纸证书，没有婚礼仪式，没有物质依附，只有生死不离的陪伴，相互依靠的取暖，这一切，足够穿越时光的长度与生命的厚度。生活里所有的平淡，最终构成了人生共历风雨的勇敢与不凡。

这种对生命之爱的致敬，怎能不给人向死而生的勇气和感动？汤唯扮演的女主角目睹这一切，泪流满面，突然悟出了“暗透了才能看见星光”，并以一种“向死而生”的决绝，获得了重生的希望。

对期待的解读，对幸福的领悟，因人而异。

姑娘，你要知道，每个人都有自己的人生轨迹，每次挫折，不过是来自命运的捉弄。那年让自己痛苦沉沦的人，只是生命里不值得书写的配角；那年让自己萎靡不振的打击，只是年轻气盛时走过的一段弯路。

棋如人生，落子无悔。只有冲破人生的黑暗，才能照见人生的精彩。

说到刘涛，大家想到的一定是她现在家庭幸福，儿女乖巧，与老公甜蜜恩爱，为人贤淑能干。而忽略了那些曾经她和老公咬牙共同渡过的患难，正因过去那些风雨同舟才换来了今天惹人羡慕的安宁和睦。这一切也让刘涛成为嫁入豪门的女星典范，让她们明白女人一定不要放弃自己。

刘涛“贤妻”的形象深入人心，但这绝不是她的全部，她曾说过：“我觉得女人，无论是有过婚姻还是没有婚姻的，一定不要放弃自己，一定要懂得你要为自己更精彩地活着，因为不会有任何人为你负这个责。”

这两年刘涛的工作安排得满满当当，她所参与的综艺节目、电影深受观众喜爱，在第一季《花儿与少年》中刘涛所展现的聪慧能干形象广受观众欢迎。电视剧一直是她的重头戏，大家一定对2016年两部大型电视剧《琅琊榜》和《芈月传》印象深刻，刘涛在其中的精彩表现，使她的演艺事业再攀新高峰。

“比女汉子更强”的刘涛，还和好友秦海璐开起了自己的公司，不但管理着两人的演艺事业，还计划投资一些项目，其事业越做越大，完全是要撑起一片天的节奏。此外，刘涛还打算去做制片人，她说“我觉得人生要有更多的尝试，给自己更多的机会。”

正如莫泊桑所说：生活不可能像你想象得那么好，但也不会像你想象得那么糟。每个人都比自己想象的要脆弱或者坚强。有时你脆弱得听到一句话就泪流满面，有时你咬着牙走了很长的路却依然满脸笑容。刘涛在初嫁豪门的时候，肯定不会想到日后的自己会如此坚强，一个人在风雨飘摇中，竟然走过这么长的一段路。

心怀期待，永不放弃自我，每个人都会遇到那道坎儿，走过来了就海阔天空，走不过来就是万丈深渊。一步之遥，一念之差，就是天差地别。

你的不娶之恩，我的再生之幸

缘来缘去，我们一生中总会遇到很多人，最后陪你的那个人，并不一定是你曾发誓要嫁的人。时过境迁之后，我们才会发现，曾经的希望落空，不愿面对的不娶不嫁，并非一定带来伤心的结局。

近期参加了女友F小姐的婚礼，特别隆重，是在本城一家五星级酒店举办的。

精美华丽的婚礼现场，流光溢彩的幸福新人，如梦如幻。当新娘款款走到舞台上，面对俊朗新郎的深情告白时，全场响起了热烈的掌声，他们获得了所有人的诚挚祝福。

我也颇有些感动。F小姐年龄已经不小了。37岁的职场精英，很多她这个年龄的女人都早已是资深人妻人母了，然而F小姐直到今日才走进婚姻殿堂。

F小姐保养得宜，皮肤、身材都无可挑剔。最关键的是，她能力超强，事业顺风顺水，从基层销售人员一步步做到了分公司老总。她的老公是另一家大型公司的副总，两人年龄相当，志趣相投，彼此扶衬，堪称绝配。

优秀的F小姐，感情之路曾经相当坎坷，今日终觅良人出嫁，我们不得不说，这要感谢她前任当年的不娶之恩。

F小姐27岁才开始恋爱，前任是她的同事，一个29岁家境优越的“高富帅”。尽管很多人不看好这段感情，但是强悍的F小姐依然倾情投入，使这段感情维持了五年之久。可是，就在谈婚论嫁前夕，前任突然退缩，这段感情无疾而终。

在社会压力之下，F小姐虽有恨嫁之心，但事业给了她极大的支撑和寄托。大概两年的时间，她并未投入新的感情，而是在等待前任的回心转意。

尽管F小姐不相信五年的感情说散就散，但前任很快找了公司小他10岁的前台小姐做女朋友，包括F小姐在内的所有人，都觉得他俩不可能持久，但这个前台很快就辞职，怀孕，和F小姐前任结了婚。

一切尘埃落定，F小姐不死心都不行，整整七年的美好时光，几乎都被这个男人白白耽误了。可是，爱情的胜负，不能用投入或产出去判断。一段爱情，仿佛投入青春就该换来婚姻，可是真相却是如果女人把嫁给男人看作一切，那么爱情就只是一场赌局，愿赌服输，如此而已。

我们的F小姐，情场失意，职场得意，这些年来自我提升修炼，职位一路飙升，收入也“噌噌”大幅增长，早已甩了同龄女人无数条街。

正因为站在了更高的平台上，才使得F小姐眼界更为开阔，见识更为卓越，人脉资源不断拓宽，由此进入更高层次的圈层里，结识了现在的老公，琴瑟和谐，携手一生。真可谓：你的不娶之恩，我的再生之幸。

爱情的较量之中，谁敢说自己一定能成为最后的赢家？娱乐圈里，在情场上沉浮数载，与前任黯然分手，最后嫁给意想不到之人的女星大有人在。

比如朱茵和周星驰恋爱，最后却嫁给黄贯中；胡杏儿和黄宗泽相恋八年，最后却嫁给李乘德；李小冉继流产、与鄢颇分手之后，最终与徐佳宁结成连理，还有一代玉女熊黛林的爱情故事同样也是如此。

曾经的天王嫂熊黛林，和郭富城相恋七年，最终却惨淡无果。然而在天王与新女友方媛闹得沸沸扬扬时，熊黛林却以3克拉的钻戒作为最通俗的幸福宣言，宣布与男友郭可颂即将步入婚姻殿堂。

诚然，在整件事中，36岁的熊黛林始终被大众看作受害方，很多人同情她，为她鸣不平。大众心里的潜台词是：七年的青春，总该换来点什么，比如说，一个男人的承认。可是，什么也没有。熊黛林和郭富城恋爱七年没有得到的承认，却被郭富城轻易给了方媛，凭什么？

没有“凭什么”的愤慨与不甘，在一场场女人用青春和时间换名分的赌局里，男人永远是游戏的庄家。时间到了，好运想落到谁身上就落到谁身上，男人决定一切，其他赌客除了默默离开赌桌，哪里还有什么其他的选择？

“一双鞋不合脚时，一整天都会不舒服，你就会想换一双舒服的鞋。”当年接受采访时，郭富城用“鞋”来比喻自己的爱情观。只是该话一出，立即引起轩然大波，也让他成为众矢之的——脚的感受固然重要，可是谁又在意过鞋的感受呢？

不过话说回来，女人如果将年轻和美丽看作感情中最重要的砝码，那这只不过是用自己的资源去换取别人的垂青，命运又怎么会掌握在自己手里呢？

无论如何，命运最终还是给了熊黛林一个大团圆结局。终觅良人的她，真该谢谢当年郭的不娶之恩。

情场如战场，你的不娶之恩，我的再生之幸，原来当年的“弃城而逃”，换来的是今日的三克拉爱情。

别怪世界不公平，是你还不够强大

小玫，90后女孩，工作两年，有一天跑来问我，“姐，你说职场上是好人多，还是坏人多？”

我回答道：“当然是好人多，不过坏人多作恶。一个坏人，就能搅得整个公司风雨飘摇，还能让一些好人生不如死。”

“我现在就是生不如死，我的上司，老是给我穿小鞋，自己什么都不干，各种累活都交给我。老板表扬了整个项目组，他却把名誉独占，我累死累活的谁知道啊！你说我要不要做回坏人，去老板面前告我上司一状？”小玫满脸愤慨地问我。

我抬头仔细看着眼前这个女孩，工作才两年的90后小青年，无论她在哪个公司上班，根基肯定不稳吧。

我说："最近热播的《欢乐颂》你看了吧，关雎尔的同事邀她一起举报另一个实习生和上司行为不端。关雎尔做得很对，坚决不参与这件事。最后怎么着了？上司不仅没有被扳下来，那几个举报的同事却全部被辞退。现在，如果上司和你有了矛盾，即使错误在上司，最后走的人，可能也是你。"

我拿《欢乐颂》里的桥段一说，小玫有所领悟地点点头。

职场是个武侠江湖，当你还不够强大的时候，在工作中常会遇到排挤和打压，没有独立发言的机会，被人呼来喝去。这时还没有根基的你，注定要经历一个阶段。如果你想"奋起反抗"，不但伤害不了别人，还会毁灭自己。

当你不够强大的时候，你想要一个小小的机会，却难以求得。当你强大起来，面前就会有无数个机会，你挡都挡不住。当你足够强大时，你想要的一切都会主动来找你。

我想起一个朋友，数年前刚进入职场时，几乎每天都跟我哭诉，说受到了欺负，女人做点工作太不容易等等之类的话。

她说："我每天最早去公司，主动打扫卫生，主动帮资历老的同事买早饭，可人家还是没有把我放在眼里。”

“我和上司一起加班到九点，饿得头昏眼花，还要去赶公交车，可上司不但不请吃饭，连问也不问我要不要搭她的车。”

更崩溃的是，她说起某个好不容易可以休息的周末，一个跟她级别一样、但是大她两岁的姑娘命令似地通知她去公司。等到她匆匆忙忙赶到公司，那姑娘把所有的资料都发给她，抛过来一句话：“你来把这个做了吧，我家今天有事，不能在这加班了。”这位同事说这番话时，完全理直气壮、没有任何客气和感谢的话语，真让她欲哭无泪。

事实上，所有的委屈都不会白受。多年之后，当公司面临经济危机将要裁员的时候，她是他们部门留下来的唯一女孩。公司刚来的新人每天为她备好一杯茶，满眼都是笑地请教她，“姐，你看这个方案这么做行不行？”

周末，她依旧偶尔去加班，却只是为自己的团队努力，而不是受别人的差遣。没有人再对她不屑一顾，没有人再敢对她呼来喝去。男同事们大献殷勤，争着请她吃饭，她却把业余时间都用于才艺学习，年会上一段惊艳的歌舞表演，惊呆了所有人。

摸爬滚打这么些年，我们都曾经质疑过现实的残酷、人性的冷漠，但这质疑却是如此苍白无力。那些年遇见的“坏人”，他们给我们数不清的委屈、眼泪，令我们无数遍发誓：“今日你对我不理不睬，将来我要你高攀不起”。现实让我们看清楚，努力是解脱的唯一方式。

柳传志给杨元庆的信里写道：你把自己锻炼成火鸡那么大，小鸡或许承认你比他大，但是只有当你像鸵鸟那么大时，小鸡才会心服。这个世界就是这样：你觉得世界不公平，本质上是你还不够强大，还没有做得足够好。你只优秀一点点儿，别人是不认可你的。你必须让自己成长为一只鸵鸟，当你从小鸡变成大鸵鸟时，所有人才会说你好。

香奈儿的创始人嘉柏丽尔·香奈儿出生于法国，是一位普通的巴黎少女。她的父亲是流动商贩，母亲在她 12 岁的时候因肺结核去世，留下她与姐姐在孤儿院里相依为命。

22 岁的香奈儿，通过在咖啡店唱歌，先后结交了两位富有的情人，并在他们的帮助下开设了自己的女帽店。

接下来，她用跨时代的时尚灵感，解放了在束胸衣和长裙中包裹了几百年的欧洲女人，一手打造了香奈儿时尚帝国。

毕加索称香奈儿是“欧洲最有灵气的女人”，萧伯纳则称她是“世界流行时尚的掌门人”。没人会苛责香奈儿依傍富有情人的历史，否则这世界上就没有让女人们魂牵梦萦的coco香水和粗花呢洋装。有时候，人们的指指点点只是因为你还不够成功、不够强大、不够女王范儿！

当我们抱怨命运为什么没有给我们一个更好的开始时，或许是因为命运并不准备让你活得和大多数人一样，或许有更好的机会在等着你。其实，不是每个女人一开始都奔着自立自强、特立独行去的，也不是每个女人都能成为女王，大部分人只是被命运逼到了那一步，然后不得不往更好的方向迈进。

那些强大的女人，做出任何的人生抉择，我想人们都不会意外，因为她们足够优秀，能够承担得起那些抉择。当你足够强大，强大到光芒万丈，将所有人都淹没在自己的光辉里时，就没有人能够威胁到你。

一个人，唯有强大，才有选择的权利，才有被重视的资格，才会做出最有力、最有尊严的反击。否则，无论你逃离到世界的哪个角落，都会发现自己是被欺负的那个人。

跌倒会有时，姿势要优雅

［第三章］
Chapter Three

伤害总会有，哪能安然度此生。
无论生活给予什么，我们都要心无恐惧，坦然接受。
谁的成功不是栉风沐雨，谁的人生不是斩棘前行！
弱女子把不能坚守而磨灭的梦想，当成世界欺骗自己的理由。
大女人把心怀期待、坚持践行的梦想，熬成了别人眼里的鸡汤。

当闺蜜成为“小三”

爱情里，每个女人都渴望自己是独一无二的女主角，但却总有“入侵者”进入你的爱情空间。有的“入侵者”甚至将你取而代之，成为新的主角，这便有了“正室”与“小三”相争相斗的各色故事。

当“小三”是与你毫不相干的人时，你当然可以放开手脚，不顾一切，该争的争，该闹的闹，一切都理所当然，理直气壮。当这个“入侵者”是你闺蜜时——你们曾经一起逛街，一起分享心事，不分昼夜无话不谈，彼此之间无所不知……你是不是就慌了？是吧，你肯定慌了。

现实生活中，经常看到这样的桥段：你最熟悉的闺中密友，不知何时与你的男朋友或者老公在一起了。爱情与友情，双双沦陷，刚开始你以为这一切只是个玩笑，怎么也不相信这是真的。但现实就是这么残酷，慢慢地，你发现你欺骗不了自己，因为他们已经公然在你面前出双入对了。在双重打击和背叛面前，你痛苦，你悲哀，你甚至开始怀疑自己、怀疑世界。

每天，类似这样的新闻标题屡见不鲜，《女子开车猛撞闺蜜轿车损失惨重，因怀疑丈夫出轨闺蜜》《男友对闺密“咸猪手”，我是要爱情还是友情》《我抢了闺密的男朋友，也抢走了自己的快乐》……世态万象，光怪陆离，闹剧每天都在上演，主角每天都在更迭。

在雪小禅的小说《无欢不爱》里面，林小白带着远道而来的男朋友顾卫北去见自己的一帮女同学。结果，在酒桌上，她发现顾卫北跟闺蜜戴晓蕾打得火热，立刻气得发疯，与男朋友当场撕破脸。

以下是小说原文节选：

嫉妒让我变得伶牙俐齿，我开始含沙射影地说话，句句带刺。而顾卫北没有顾及我的脸色，还趴在戴晓蕾耳边说着什么，我看到，戴晓蕾好像很兴奋的样子！真是起腻！大家很快觉出我的不快乐，我问，顾卫北，你累了吗？坐了几十个小时的车，居然还有闲心调情！

我的话让大家都开始难堪。顾卫北看着我，脸色尴尬地说，林小白，我是来看你的，不是来和你气的！

来看我？我看你是来卖弄风骚的。别以为自己帅就怎么样帅的男生大多是草包，不是草包，你怎么考不上北大？

别以为考上北大的人就有多牛，北大有的是下三烂！

你骂谁呢？我已经控制不住怒火，你才是下三烂，看到漂亮女孩子就犯花痴！

我说话越来越不挨边，到最后我和顾卫北当着全宿舍人和戴晓蕾的面打了起来。

他开始骂我有病，而我说，你纯粹就是个风流种子，在重庆风流还不够，还跑到这里来了，给我滚！

我越说越气，到最后我砸了桌子上的盘子，并且借酒撒疯，谁也拦不住我了，我让顾卫北立刻给我滚回重庆去。

结果他真的走了，戴晓蕾还追了出去！

我掀翻了桌子，大哭起来。我哪里想让他走啊，是他太过分，让一帮美女一包围，立刻就现了原形！真是个花花公子！

我打的直奔北京站，我要把他追回来，我要问问他，他到底爱不爱我？

……

当然，在小说里，林小白没有失去顾卫北，对林小白极为“照顾”的戴晓蕾只是在试探顾卫北。事后，戴晓蕾对林小白说：“别怕，林小白，我只是试试他是不是真爱你，我不会抢他的，他永远是你的。”

小说总是美好的，可在现实生活中，闺蜜横刀夺爱的故事并不鲜见。

记得当年大学里，住相邻宿舍的A小姐和B小姐，曾是一对要好的姐妹。两人一个热情似火，一个沉静如水，每天形影不离。由于都爱好唱歌、跳舞，两人曾组建双人舞蹈组合，在院系晚会上大出风头。

但是后来却听说姐妹两个反目了。有人亲眼看到，她们在宿舍楼昏暗的卫生间里不顾形象大吵一架，从那以后两人见面基本不说话。

究其原因，是因为A小姐的男朋友L君，居然和B小姐在一起了。

A小姐个性要强，为人处事说一不二，阳光开朗的她性格比较张扬。但说到她的男友——喜欢唱情歌的L君时，她却总是流露出一副忧郁气质，让人怜惜。

L君和A小姐在一起后，刚开始大家都觉得他们很般配。但是后来，两人逐渐缺少了恋人之间的默契。每次看他们俩人走路，总是风风火火的A小姐在前，沉默帅气的L君在后。

后来，当L君公开与温柔恬静的B小姐在一起之后，大家才知道他与A小姐已经分手。

分手固然有很多原因，但是A小姐男友与闺蜜走在一起这件事，还是在校园里引起轩然大波。即使是L君与A小姐分手在前，与B小姐恋爱在后（事实上B小姐并没有横刀夺爱），依然有各种说法纷至沓来，一对好姐妹直到毕业也未曾和解。

爱情里面，纵有海誓山盟，也难以保证总是举案齐眉，卿卿我我。聪明的女人，从来不会考验自己的男朋友、老公。她们总是小心地避免自己的男人与漂亮闺蜜过多接触，以免擦枪走火，得不偿失。

Y小姐曾是公司引人注目的女孩。她爱好交际、姐妹众多，据说个个才貌双全。她们经常聚会、游玩，但是Y小姐却从不带男朋友一块去。

男朋友偶有埋怨："怎么回事，是不是觉得我拿不出手，不配当你男朋友吗？"

"哪里啊，你是我的宝贝。时机成熟，我自然带你见她们。"Y小姐回答男友说。

"什么叫时机成熟？"男友问。

"当然是……"Y小姐想了想说，"当然是等你非我不可的时候。"

后来，Y小姐和男友感情稳固了，男友说弱水三千，我只取一瓢饮；天涯何处无芳草，我却只怜眼前人。

这时候，Y小姐才带男友去见她的那帮闺蜜。

那群女人真是乱花渐欲迷人眼，个个风情万种，但是男友坚守了阵线，没有给Y小姐丢脸。

这时，他才明白Y小姐的高瞻远瞩：如果他们刚确定关系，她就带他去见那些美人，自己说不定会心猿意马；如果有人故意使坏挑逗，投怀送抱，很难说不会破坏两人的恋爱关系。

能成为闺蜜的女人，自然性格、志趣相投，她们对男朋友、老公的品位也是相似的。闺蜜之间无话不谈，自然也会谈男人。情人眼里出西施，当你绘声绘色描述男朋友的好时，旁边的闺蜜除了羡慕，可能还有嫉妒：凭什么我没有得到这样的男人，而她得到了？我比她差吗？不差吧，要不试试看，看她男朋友喜欢我，还是她？抢不到没损失，说不定大家关系更好了；抢到了，就是我赚了！

闺蜜之间，除了无话不谈，还有攀比炫耀、争强好胜。脸蛋要比、包包和衣服要比，男朋友也要比。包包与衣服都不是唯一，你有了，我也可以买。可是男人就不一样了，大家都觉得好的男人，就那么一个，你抢到了，我就捞不着了。所以说，对于稀缺资源，还是不要到处显摆了，炫耀能爽一时，失去却毁一生。何况，你失去的，除了你爱的男人，还有一个好闺蜜。

被闺蜜抢走男人，作为一个失败者出局的女人，没有人同情你，只有嘲讽和幸灾乐祸让你痛苦难耐。别人是旗开得胜，抱得良人归，而你却哑巴吃黄连，有苦说不出，何苦呢？

不过话说回来，如果悲剧不可避免，你也不必感觉世界末日来了，万念俱灰。你可以这样想：通过这件事，让你一下子清理了身边不忠诚的男友和不靠谱的闺蜜。这样虽然有点儿自我安慰，可也聊胜于无吧。

你觉得最大的问题，是因为你胖吗

上大学那会儿，去浴室洗澡时，经常可以看到看澡堂的阿姨也在洗澡。只见白花花的肉甩在水龙头下，令人目眩。她们用粗糙的毛巾大力揉搓松弛的皮肤，污垢随着水流哗哗冲下。

我观察过周围女生的表情，大多是几分鄙视再带几分同情——她们心里一定觉得看澡堂的阿姨粗鄙低俗，觉得自己以后肯定不会这样。

是的，谁都觉得自己不会这样，就像谁都觉得，我们一定不会在商场卫生间里撕扯过量卫生纸随身带走，不会顺手牵羊拿走水果摊上的几颗樱桃，不会允许自己的孩子在公众场合哭闹。没有人愿意一身肥肉，也没有人愿意做不体面的事情，当不体面的人。可是，现实生活中我们太容易滑向另一端——今天有红烧肉，那就多吃点吧；晚上过九点了，就不去跑步了；都三十多了，整天打扮给谁看呢。

所以，有人刻薄地说："你身上的每一寸赘肉，都是向生活妥协的标志。"

对身高160厘米左右的女人来说，如果体重在60公斤以内，减肥只是你自己的事。别人都会说："这样就正好了，不用减了，不然会影响健康。"

如果体重超过70公斤（在100公斤以内），那么你减不减肥就是你家人的事了。每当你蜷缩在沙发里狂吃零食时，父母或老公就会说："少吃点吧，看你的屁股都拖不动了。"

如果体重超过100公斤（在200公斤以内），那么你减不减肥就是你朋友的事了。每次跟他们在一起，他们都会默默注视着你大吃大喝，然后在内心咒骂："她究竟知不知道自己很胖呢？她凭什么还敢这样大吃大喝，这让我们情何以堪？"

如果一个人体量超过200公斤，那么减肥就是全世界的事了。肤色各异，操着各种语言的人，不管是否认识你，都会在微信朋友圈疯狂转发一篇文章《全世界最肥的女人，你见过吗》。

有人说，减肥不成功，只是因为你太懒了。还有人说，这世上没有减不下来的脂肪，只有不愿意改变的人生。但是说这些没有用，只有长年奋斗在减肥第一线的人，才能够体会出真正的减肥有多难。

一些减肥中心也会打出这样的广告：“不瘦下来，怎么让前任后悔，让暗恋开口，让现任长脸？”这样的广告语算是抓住了女人生来敏感的特点，它明确告诉你，减肥绝对不是你一个人的事！

但是，你真的以为最大的问题，是因为你胖吗？

没错，因为胖，你无数次埋怨找不到好工作、好男人、好运气……其实，一切不幸的根源，不是因为你胖，而是因为你太在乎自己胖，无限放大这一生理缺陷，甚至上升为对生活的全盘否定。

如果减肥可以让你看起来年轻十多岁，如果减肥可以让你活动时轻盈如风，如果减肥可以让你更加自信，更加喜欢自己，那为什么不减肥呢？减肥是你通向自信的最短暂、最直接，也是最简单的路径。

看台湾的一档综艺节目，说一个女孩为了减肥，每天穿着雨衣，在操场上狂奔10千米。她只用了半年的时间，就从人见人厌的大胖子，变成了一个光彩照人的大美女。现在的情况是，她在前面跑，后面跟着一大群追求她的男了。

我的朋友小筱也有这样的经历。之前，她虽然长得很漂亮，可是一年四季只穿黑色的裤子，只是因为腿粗，便想永远穿长裤把腿藏起来。她无数次幻想，能有一把神奇的利刃，将大腿上的赘肉一缕一缕削掉，削出一双修长、紧凑的美腿来。

当然，小筱知道幻想无用，便咬紧牙关坚持每天跑10千米。半年下来，她终于把自己跑成了比原来小两号的美女，而且变得更快乐、更开心。

有一种说法：人和人的差异首先就呈现在身体上，身体反映了你的生活质量、理念以及价值观，你的身体永远先于内在到达别人的面前。

还有一种说法：有赘肉是因为你不愿意面对自我，赘肉越多，说明你不愿意面对的自我越多。对于胖人来说，首先你要学会面对自我，接受自己不完美这个事实；然后，你再选择对自己狠一点：每天多走几步路，多跑几圈，多做几遍有氧体操，多在健身房里泡一泡，或者你觉得节食更有用……你要试着去做一切能保持身材，让你更快乐的事情。

姑娘们，接受自己很好，但有能力改善自己，会让你感觉更好。如果你能控制体重，也就意味着你能控制人生。不是有人说，只有穷人才会毫无节制地任由体形发胖，而成功人士绝对有意志力保持良好体形吗？对体型的控制，说明你的意志凌驾于肉体之上，而不是肉体凌驾于意志之上。

陈丹青说过，一个人的相貌，便是他的为人。30岁以后，我们不但要为自己的样子负责，也要为自己的身材负责。对自己的身材负责，就是对自己的生活负责，就是对自己的幸福和未来负责。

遗忘，是善待自己，也是宽恕对方

都说人生有三大悲剧，美人迟暮，爱情冷淡，婚姻折旧。

在很多时候，婚姻就好像一本书，第一章是诗歌，满怀激情，一切如新；其余各章则是散文，激情褪去，平淡如水。

平淡而漫长的婚姻中，其中一方被沿途“美景”吸引，中途下车的情况，时有发生。不管是一时贪欢、逢场作戏，还是情难自禁、另结所爱，情变无疑都会给婚姻致命一击。

面对这样的打击，是沉沦，落魄，自暴自弃，还是像汪峰前妻葛荟婕那样陷入无休止的不甘与谩骂、报复？或者是大气如马伊琍咽下血泪，收拾残局，重拾希望？对待这种情况不能一概而论，大多因人而异。

有一对夫妻K先生和Y小姐，是我当年熟识的大学同学。

在大学里，K先生风流倜傥，颇有才华，写得一手好文章，吸引女粉丝无数。Y小姐就是K先生众多粉丝中的普通一员，她贤良淑德、温婉大方，但当时两人的世界并没有交集。

让人意想不到的是，大学毕业之后，他们俩由于同处一个城市，外加各种机缘巧合竟然走在了一起。

现实生活中，很多夫妻的结合，并非一定是俊男靓女或者郎才女貌。但是,在看似不太般配的外表下,是双方付出多寡的平衡,其中滋味，外人很难体会。

初识这对夫妻，大家知道K先生品性敦厚、家境良好、收入颇丰，在外人眼里完全符合一个理想丈夫的标准。但是相处久了，大家转而纷纷夸Y小姐贤惠能干、持家有道。

在这对夫妻的日常琐碎中，外人看到的是Y小姐对K先生无微不至的照顾、对家庭兢兢业业的付出、对婚姻关系的精心呵护。每次朋友们去他们家做客,Y小姐总是笑靥如花热情招待,忙前忙后服务周到,而K先生只管坐而论道、侃侃而谈。

婚姻生活如人饮水，冷暖自知，谁付出得多，谁付出得少，谁心甘情愿，谁不可自拔，从来不需外人评论，只要自己开心便好。

但是，天有不测风云。让人意想不到的是，自从K先生被单位派出驻外，这对让人艳羡的模范夫妻，竟然爆出了婚变传闻。

或许是身在福中不懂珍惜，或者是喜新厌旧的心理作祟，K先生与一个已婚女同事有了婚外情。两人浓情蜜意，缠绵缱绻，甚至一度想双双离婚共度一生。

浪漫的婚外情诚然引诱人心，但是意乱情迷过后，人总归要回到现实生活，他们迫于各界压力最终没能在一起。

这场婚变，一定程度上打碎了Y小姐对幸福婚姻的美好想象。曾经，她被多少女同学嫉妒，纷纷羡慕她找了个完美老公。在一起这么多年，她一颗心完全扑在老公和家庭身上，从来没有想到谦谦君子般的K先生有一天会背叛她。

她不是没有想过去争去闹，但后来被朋友劝住了。朋友的劝说让她明白出轨的男人还是要面子的，这么一闹他就再无退路可走了。自己无疑对丈夫还是有深厚感情的，不想就这样离开丈夫。

午夜梦回，心碎神伤是有的，怆痛绝望也是有的。但是，Y小姐最让人佩服的地方是她几番挣扎过后，敢于直面惨淡的婚姻，敢于正视残忍的背叛，一个人默默咽下血泪，收拾残局。

只要浪子回头，她便可重拾对未来婚姻的希望。

那么K先生呢？K先生对Y小姐就没有感情了吗？回想他们毕业后从相恋到结婚的7年美好时光，多少风风雨雨，多少鸡零狗碎，没有Y小姐的大度退让、周全呵护，K先生能安然如初吗？

无从判断K先生和Y小姐经历了怎样的内心煎熬。最终，他俩没有因为这场婚外恋，闹得山崩地裂、鱼死网破，结局是云消雨散、两人和好如初。再次见到K先生和Y小姐，是在朋友的饭局上。席间，K先生对Y小姐殷勤照顾，格外体贴。据说再过两天，他们还要一起飞去泰国旅游，真是羡煞众人。

这不由令人想起2014年的一桩明星轶事：文章被爆出轨，当时马伊俐刚为他生下第二个孩子。知悉此事后，她只发一句“且行且珍惜”，再无埋怨。之后婚姻继续，一切归于平淡。Y小姐无疑是马伊琍式的大女人，大气，宽恕，又充满智慧。

庸常琐碎的婚姻里，谁不是一边怄气一边和解，一边流泪一边欢笑？那么多鸡零狗碎令人抓狂的细节，那么多无法满足我们期望的时刻，令我们愤懑不甘、孤独挫败，让我们质疑当初的选择是否正确，现在的付出是否值得。但是，虽不如意，可也并没有让我们绝望到心如死灰吧?

所有的一切或许都已经过去了，该遗忘的选择遗忘，就算不能真的遗忘，生活也还将继续。

怨恨的种子不能让它生根发芽、长成参天大树。过去的悲伤不要再反复咀嚼，瞬间的悲痛和怨恨不能让它变成持久的伤害。

不怕从头再来，遗忘，本身就是一种原谅，是为了给彼此一次机会。

遗忘，是善待自己，也是宽恕对方。婚姻的一大好处或许就是当我们没有那么相爱了还能够在一起，直到重新相爱。

希望你的成长，不以受伤为代价

周末，C小姐突然到访，约我喝茶，我颇感意外。

从小到大，C小姐一直都是骄傲的女子。一直听说她在W城混得风生水起，事业爱情春风得意。她来找我，不会仅仅是喝茶这么简单吧？

在茶楼里坐下后，一向话多的C小姐逐渐沉默了下来，脸上惯常的明艳笑容，逐渐隐退在茶水冉冉升起的热气后面。

没过一会儿，她还是说话了，跟我讲述了她在W城这一年多来发生的故事。

C小姐刚到W城的时候，正是她刚踹了前男友的一周后。

前男友对C小姐很好，甚至是百依百顺。可正是这样的顺从，让一向自视甚高的C小姐有些瞧不起，甚至对自己目前的生活很不满意。想想自己花容月貌、又有能力，难道就跟这个窝囊的男人一辈子吗？最后，C小姐不顾那男人痛哭流涕、一再挽留，毅然决然跟他分了手。

分手后的C小姐，为了让生活重新开始，去了W城。

W城曾经是她上大学的城市，许多朋友同学都在这里。很快，在朋友的介绍下，C小姐认识了一个叫严佳勇的高干子弟。

高干子弟严佳勇长得一般，喜欢广交朋友，性格豪爽，但也风流成性，带着点纨绔子弟的玩世不恭。他依仗着老爸的权势和财力，开了一家小公司。

严佳勇对C小姐表现出来的热情大方、八面玲珑印象深刻，认定她是个公关人才。

没过多久，严佳勇就邀请C小姐过去帮忙，并许诺给她股份。

C小姐当时刚到W城，急需一份工作稳定下来，于是没有多作犹豫就去了严佳勇的公司。

在严佳勇的公司，C小姐主要负责公关销售，一方面她很想凭借自己的能力，做出好业绩。但另一方面，她也承认，她对严佳勇动了一点儿心思。

她心想，本姑娘虽不是倾国倾城，却也明艳照人，聪明大方，算是个魅力女人吧。如果能在严佳勇身上证明自己的魅力，岂不是一件精神与物质双丰收的美事?

进了公司后，严佳勇对C小姐很赏识，甚至是相当喜爱，经常带她一起出入高档场所，直至公开与她调情。

久而久之，严佳勇的哥们朋友称呼C小姐为“嫂子”，公司员工们都半开玩笑的喊C小姐“老板夫人”。这一切都让C小姐相当得意，自然也是浮想联翩。

严佳勇很明显是久经情场的高手，调情归调情，却从未表现出为C小姐神魂颠倒、马首是瞻的意思，甚至连正牌女友的身份都从来没有提过。

C小姐在严佳勇公司待了一年，工作从来不曾懈怠过，几乎将公司当成了自己的家一样拼命付出。

在应酬客户的酒席上，她为了搞定客户、拿下订单，经常是酩酊大醉。大热天在外出差，她常常两三天奔赴四五个不同的城市，与不同的客户周旋，累得浑身散架，如一摊烂泥。

这样的付出，已经不仅仅是为了证明自己的能力，更是为了真正赢得严佳勇的心。

他们之间，仿佛一场暧昧的追逐游戏，敌进我退，我进敌退，高手过招，不留痕迹。C小姐始终不敢确认自己已经揣摩到了严佳勇的心思。有时，作为老板的严佳勇会毫不保留地嘉奖自己；有时，他又像一个贴心情人，会在没人的时候对自己说几句令人心生荡漾的情话，不经意间做一些呵护的动作。C小姐几乎以为他已倾心于自己，没想到第二天，他完全又可以当任何事没发生，任何话没有说过。

也正因如此，C小姐始终没有跟严佳勇上过床，而严佳勇也知道跟C小姐上床意味着什么。似乎一切言语的挑逗，一切亲昵的举动都可以，唯独不会触碰这个最后防线。

直到后来有一天，一个非常漂亮的女人走进了公司，说要找严佳勇，然后径直走进了他的办公室。几分钟后，两人一起出来，离开了公司。

几天后，严佳勇宣布订婚了，并将在下个月十二号举办婚礼，新娘就是那个漂亮女人。

一个幽静的餐厅，C小姐望着坐在她对面的严佳勇，带着讥诮说恭喜你。

“她家与我家是世交，我们的婚姻父母早就做好安排了。”严佳勇缓缓地说。

“你爱她吗？”C小姐逼问他。

“她很漂亮，她家权势很大，你知道的，这对我家、对我以后都有好处。”

“你爱我吗？”C小姐直视着他。

“你别这样，公司离不开你，你一直是我最得力的伙伴。”

“严佳勇，你一直都在利用我对不对？”C小姐把一杯红酒泼在他脸上，抓住包就冲出了餐厅。

从那以后，C小姐离开了公司，离开了这个男人。

听了C小姐的故事，我不胜唏嘘。

我对她说，很多像你这样的女孩子，得到的成长，增长的见识，都是以受伤为代价。但是换一个角度说，在这段感情经历中，你只不过是没有征服一个本不会屈服的男人，但却收获了职场阅历、人生经历，难道不是吗？

她苦笑了下：“好像真是这么回事，我并没有失去什么，相反得到了更多。”

“你还后悔抛弃了前男友吗？”我又问她。

“有的时候会后悔，毕竟找个真正对自己好的男人，没有想象中那么容易。”她有些黯然地说道。

亲爱的姑娘，尽管有时候，我们以为自己有筹码，比如年轻、美貌、身材、才干等，但是从一开始，在很多男人眼里，女人的所有赌注，都不抵他一段不堪回首的伤情往事、一个莫名其妙的自私决定、一场不能见光的黑色交易。

这个世界上没有无缘无故的爱，就像没有无缘无故的恨一样。你以为你在情场上所向披靡，稳操胜券，但其实一切只在他人的利用之中。当有一天我们成为内心坚强、充满智慧的人时，希望不是因为我们曾被别人伤得体无完肤后才绝地重生，或者曾肆无忌惮伤害他人后才会有愧疚反省。

亲爱的姑娘，希望我们的成长，不以受伤为代价。

经历过别人所没经历的痛苦，固然能让我们成长、成熟，但是我们仍希望在普通平凡的生活里，能够从别人的故事里，看清社会和情感的真相，从别人的经验中悟出自己该坚持的道理，不再迷茫懵懂，成长为一个通透睿智的人。

有多少人擦肩而过，从此不再相见

在生命中，我们会遇到一生挚爱，也会碰到负心人。另外，我们还会遇到另外一种人——那就是一闪而逝的知心人。

朋友小齐最近来找我，给我讲了一段关于他和知心人的故事。

小齐说，他与她的关系，算不上爱情，连牵手都没有，而且现在还失去了联系。但他知道，如果某天他们在异乡邂逅，定是倍感亲切，因为他们都给对方留下了美好的回忆——朦胧的美好，是秉烛夜游时嗅到的花香，干净的新奇；是夕阳里的河泛着滟滟波光。

他们没有发生什么，或者说没有来得及发生什么。小齐说，他们仿佛是对方旅途中的一个客栈，洗尽征尘，回眸一笑，朦胧迷幻。

这个女孩，是小齐到N城读研时认识的。她的名字很有特色：姓是一种色彩，名的第一个字是籍贯的简称，第二个字是她家乡的一种树。

小齐还说，初见她时，皮肤白细，清水芙蓉，虽总是素面见人，但配上笑起来眯成弯月的眼睛，却是天然一段风情，自有耐人寻味处。

梅雨之季，小齐来N城报到读研，女孩就住在大学旁的青岛路上。因为租房的事，小齐见过她一面，后来两人又在教室碰到了。

她说自己想在学校办个餐卡。小齐想到自己当时在外面做兼职，不用在学校吃饭，就把自己的餐卡给了她。由于女孩还要准备考研，小齐又把借书证也给了她，以便于她在图书馆专心读书。

后来，小齐辞了兼职，回到学校住宿、吃饭。小齐来自北京，不习惯吃N城的米饭，学校有他爱吃的饭菜，他却不好意思再把餐卡要回来，于是就在学校外面吃了十天的拉面，最后吃得都快吐了。那时他想，女孩也是北方人，也不习惯吃米饭，而且考研又比较辛苦，餐卡就先让她用着吧。

在小齐心中，女孩始终是一个谜。两人很少见面，可每次见面，他们总能站在教室门外，或者路边聊上几个小时。女孩总是笑眯眯的，喋喋不休地说。小齐只是倾听，站成一棵树，听凭风的舞蹈。

女孩的坦诚与健谈，使小齐感觉他们仿佛已相知多年。她每次都聊起一个人，小齐坚定地以为那是一个女孩。直到后来离开了，小齐才从别人那儿知道，那人是她大学的学长，是个男生。她住在学长租来的房子里，学长却搬到了外面，还老拉她去参加朋友聚会。也许，学长喜欢她，可是她领了这分情，却不想会这分意。

小齐记得，女孩经常在他面前说考研的事。她说自己本来过了许多大学研究生的免试关，可学校不放她，非要她留校，她一气之下想考北大。

小齐问她为什么不在原来的学校里复习，却跑到N城来。她说怕见到那些老师。小齐本能地以为，她在躲什么人和事。

小齐有时心里在想，女孩也许是太纯洁，又太心软了吧，这么天生丽质，惹人爱怜。面对别人的殷勤，她不知所措，不敢去面对别人的爱，又不想去伤害别人，所以只能逃避，从B城逃到N城，最后又从N城逃到W城。

女孩要去W城的事，事先并没有告诉小齐。直到小齐被别人拉去吃送别晚餐，才知道这件事。

小齐问她为什么没提前说呢。

女孩笑笑，说不想打扰他。

小齐也笑笑，又问她熟悉W城吗。

女孩说有同学在那儿。

小齐便也放心了。

他们笑着说再见，却深知再见遥遥无期。女孩说到了W城就把新号码给小齐，不过小齐觉得无所谓。果然女孩一走，他们就断了联系。

在她之前，在她之后，小齐说他也碰到过很多类似的人。有的人是在长途火车上认识的，言谈甚欢，也留了电话，可是随后就很少联系，也永远不再见面；有的是在行业交流会上认识的，一聊起天，诸多观点不谋而合，就仿佛认识了很久的老朋友似的，但过了一阵子也慢慢不怎么联系了。

在生命长河中，我们总会遇到一些人，就像泛起的一闪而逝的浪花，晶莹剔透，光彩瞩目，但是又很快归于沉寂。

很多人，突如其来地认识，莫名其妙地消失，一切归于平淡，仿佛是消失在池水中的一阵涟漪。

它们虽然短暂，却留下了美好的回忆在心间。

也许在某个慵懒的午后，或是深夜无眠时的沉思里，你会突然想起一些早已忘记的人和事，彼情彼景如此清晰，恍如昨日。

如果心无恐惧，你会去做什么

因为怕失去，许多女人选择了逃避。为了家庭孩子，有多少女人被迫放弃前途无量的工作？有多少女人主动放弃职务晋升将主要精力放在相夫教子上？她们没想过拥有一切，只是担心会失去一切，因为她们本能地认为家庭和事业是不可能平衡的。

这不禁让我想起顾城的一首诗：“你不愿意种花，你说，我不愿看见它一点点凋落。是的，为了避免结束，你避免了一切开始。”

对女人来说，家庭与事业，就难道真的难以兼顾吗？还是你心怀恐惧，根本不愿面对。姐妹们，如果你内心忐忑，那么现在就请假设：如果克服了内心的恐惧，现在的你应该会去做什么？

曾经的女同事宁姐，家境优越，衣食无忧，令人羡慕。她先生在政府部门任职，女儿在贵族学校上学，她平时来往较多的是一群被称为“官太太”的女人。

尽管来自这样的一个富裕家庭，宁姐却从来没想过养尊处优、悠闲舒适的居家生活。孩子三岁后，她就请了保姆，抛下家中琐事，重新进入职场打拼。

“士别三日，当刮目相看”。两年后的某一天，她进入了另一家同类公司任职总经理。

我们表示祝贺的同时，也不禁愕然：一起共事时，她还只是负责一个市场部，两年的时间，居然有如此飞跃式的进步，真让人大跌眼镜。

身为总经理的宁姐，自然忙得不可开交。朋友圈里看她的状态，经常是要么开会表彰下属，要么巡视各个案场，要么外地出差，要么商务洽谈……

尽管有时孩子上学、老人生病等一些家事也令她不胜烦扰，但即使再苦再累，她都能有办法调整自己的心态。就连她每天早上在朋友圈发的文章，也都带着浓浓的正能量。

再后来，听说宁姐辞去了那家公司总经理的职务，整合多年人脉资源，自己创业当老板了。现在，公司经营得有声有色，她也有更多的闲暇时间照顾家庭、孩子。

我问身边的姑娘，如果心无恐惧，你会去做什么？有的说不用考虑任何现实生计问题，带着家人，去环游世界；有的说打破目前循规蹈矩、一成不变的生活，去最好玩的夜场彻底放纵自己；还有的说逃离都市，回归田园，种地养猫，自给自足……当然，还有很多天马行空的答案，甚至不乏冲破法律的禁锢和欲望的樊笼，却唯独没有人提到事业和家庭的平衡问题。

事业和家庭，完全是能够兼顾的。在这方面，谢丽尔·桑德伯格无疑是全球女性的楷模。

谢丽尔·桑德伯格是谁？她是《欢乐颂》里美女高管安迪的原型，是硅谷最有名的女大佬；她是马克·扎克伯格的左膀右臂，具有天生的管理天赋；她是美国薪酬最高的女高管，被美国媒体誉为“硅谷最有影响力的女人”；她身居福布斯百强女性榜第五名，荣登《时代周刊》封面人物，并被《时代》杂志评为全球最有影响力的人物！

2013年，她出版自传Lean In: Women, Work, and the Will to Lead（《向前一步》），激励全球女性勇敢追求自己的目标，实现事业与家庭生活的完美平衡。

谢丽尔·桑德伯格现任Facebook首席运营官。她说在Facebook的公司内部，办公室四处都贴着海报，鼓励大家敢于冒险。其中，她最喜欢的一句话是“如果心无恐惧，你会做什么？”

1969年8月28日，谢丽尔·桑德伯格出身于一个富有的犹太人家庭。她从小受外婆和母亲的影响很大。外婆是她的人生楷模。全美大萧条时代，大多数家庭贫困，其他女孩要靠嫁人谋生，她外婆却坚持接受完高等教育，从加州大学伯克利分校毕业后，靠一己之力解决了全家人的温饱问题。她的母亲在大学当法语老师，并且还是一个兼职英语老师，无论是生活还是财务，都相当独立。

到了桑德伯格这一辈，她从小接受的教育就是：男孩能做的，女孩也能做。她有选择职业的自由，所以她一直严格要求自己，求学之路一直非常顺利而且出色——中小学特等优秀生、哈佛大学成绩第一的毕业生。尽管如此，她还是频频被教诲：要在事业之前先将婚姻解决，“好男人”资源有限，要先下手为强。

在外界环境的压力下，桑德伯格19岁就开始寻找所谓的“好男人”。她总是不停地试探、考验恋爱对象，基本没有体验到恋爱中的乐趣。24岁时，她嫁给了一个商人。那时，她刚哈佛毕业，事业尚未开始，这段婚姻只维持了一年就宣告终结。

从小到大一帆风顺，从未有过挫折，却没想到人生中的第一次婚姻就这样失败。或许很多人会从此以泪洗面，消沉萎靡，可桑德伯格没有。

为了摆脱恐惧，找回自信，离婚后的谢丽尔·桑德伯格几乎将所有的才华和精力都投入到事业当中。作为哈佛商学院MBA优秀毕业生，她横跨政商两界，从麦肯锡咨询公司跳到谷歌当高管，同时在迪士尼、星巴克一堆大公司当董事，成了硅谷罕见的女大佬，光兼职年薪就有上百万美元。

实现财务自由后，桑德伯格并不着急找老公。对于这件人生大事，她的想法是“要让另一半成为我的人生搭档”。她的第二段婚姻是在时隔10年之后才开始的。2004年，35岁的桑德伯格嫁给了大卫·戈德伯格。第二任丈夫毕业于哈佛，在洛杉矶搞音乐，后转战商界，智商情商都很高。两人生了一对儿女，成为硅谷最完美的权力夫妻档。

很多人问过桑德伯格：“你这么有名气，老公怎么想？”没想到，她老公回答了这个问题：我从来没有过困扰，因为我很清楚地知道自己是谁。我的事业非常好，还能有时间花在家里，当好父亲和丈夫，很幸运。

命运似乎是为了考验这个强大的女人，婚后 11 年，她再次遭遇人生危机。2015 年，夫妻俩到墨西哥休假，她老公戈德伯格一个人在酒店健身时，不慎从跑步机上跌倒摔伤后脑，意外去世。

老公离世 30 天，她在 Facebook 上写了纪念长文“悲伤没有尽头，爱没有尽头”。几十万人包括扎克伯格都在安慰她：“还有我们爱你”。

人生路漫漫，谁也不知道会遇到什么样的坑坑坎坎。尽管我们不知道强大如谢丽尔·桑德伯格在遭遇这样的人生悲剧时，是否心怀恐惧，但是我们相信她伤心难过之后，一定可以继续前行。

我们无法预测未来，但可选择当下，让心安然。无论世事如何变幻，生活给予我们的，都要坦然接受。“无有恐怖，远离颠倒梦想”，一切随缘，一生随缘，方得自在。

你努力奔跑的样子，很美

曾经有人问我，女人该不该活得这么辛苦？

我说，亲爱的，老天没有闲情对哪一个人施以不公，但也不会对我们任何一个人温柔以待。所有的挫折磨难，这么多年的努力奔跑，你早已给世界留下了一个美丽的背影。

难道不是吗？到了某个年纪后，回首看人生，其实没有什么“巅峰”。有的只是七起八落、百感交集。也许若干年后当你回望人生，所有转折都发生在看似平常的生活里。

当下的辛苦，岂知非福？

我的同班同学大敏，一副典型山东大嫂的健硕身板，性情豪爽，人又聪明伶俐。她在大学里就显示出了很强的煽动力，再加上平日做事说一不二、雷厉风行，一直深受我们一众小女生的爱戴。

毕业后，大敏愈加大气果断，既有深谙人情世故的聪明，又有毒舌泼辣的干劲，从事的工作是一般女孩不能胜任的酒品销售。为了可观业绩，她常常喝酒喝到胃出血。后来，她离开了这个行业，从此滴酒不沾。

三年前，大敏结婚了，婚后一度待业在家。虽然也常见他们小两口抱肩搂腰、甜甜蜜蜜，只是时间一久，激情退去，生性要强的大敏越来越不能忍受家庭主妇的琐碎生活。尤其女儿出生后，日子变成一地鸡毛蒜皮，争吵、怒骂、激战随时爆发。大敏不愿纠结在日积月累的失望上，于是开始创业。

她的创业项目与春季高考培训有关，场地、资金、师资力量等问题解决后，最关键的就是生源了。于是经常见到大敏驱车奔跑于各县市，在酒桌上和各学校领导狂侃，扔下三岁女儿在奶奶怀里哭闹。

创业不容易，女人创业更不容易。不管内心经历怎样的孤独、脆弱、迷茫，大敏明白，今天走过的每一条弯路，其实都是必经之路；不管前一天多忙，多累，一觉醒来后，心性坚定的她总会重整旗鼓、整装待发。用她的话说，在我还奋斗得起的年纪里，我怎么可能轻易选择妥协与放弃呢！

与大敏相似，我另一个中学同学M，心性之坚决，行动之果敢，也令人钦佩。

几年前，M扔下在苏州工作的老公以及在湖北外婆家上幼儿园的儿子，一个人来到厦门创业。

尽管老公也常常来厦门探望，在她身旁陪伴，但创业路上的孤独与艰辛，却是M一个人真真切切的体验。

后来，由于多种原因，M创业失败，不得不重回苏州找了一份工作。偏偏这时候，M老公因为职业发展道路的调整，处于暂时的失业期。M顿觉前所未有的生活压力向自己袭来，夜里无人时便跟我倾诉。我也只能细语安慰她，除此之外，别无他法。

其实在我眼里，一贯强势的她，偶尔表现出软弱、迷茫，特别真实且令人心疼。

这个世界上，没有人能随随便便成功。不要只看到别人在舞台上的光环，却忽略了他们背后付出的努力。

岳云鹏曾经在一期节目里寻找一个十多年前帮助他的姐姐。

他说多年前，他在酒店打工，因为犯错被开除。一个同在酒店打工的大学生姐姐见他没有任何依靠，带他四处寻找工作，还从学校里给他带来御寒的棉被。

岳云鹏说，没有这个姐姐，就没有现在活跃于舞台上的相声演员“小岳岳”。

现在，观众们谈起岳云鹏，并不觉得他艺术形象单薄，只觉得他单纯地存在于舞台上、媒体上为大家带来快乐。因为有苦难，所以他的成功凸显得格外厚重；因为有酸楚的过去，所以现在他的笑声更让我们佩服。

历经岁月洗礼，成为“全民女神”的舒淇，出身贫寒、一脱成名的历史几乎人人皆知。

那时，带着不堪回首的过往，哪怕再用心演戏，哪怕在爱情里忍辱负重，她都逃脱不了一句“脱星”的责难。

人必须要为自己的选择负责，一时难以让人闭嘴，那些非议就随它吧。

在接下来的时光里，舒淇表现得更淡定更努力，用一部部佳作造就影后地位，用一次次惊艳亮相造就女神风范，用一次次爱情的历练造就风情万种、处变不惊的女王风范。

你曾经是谁很重要，但更重要的是你现在是谁。

这个世界有太多看上去光鲜亮丽的人，耀眼到我们甚至都不敢相信他们也曾经历苦难。这是他们人生的哪一个阶段，我们并不知道，或许是千难万险后的“守得云开见月明”，抑或是洪流急湍后的“轻舟已过万重山”。

香港娱乐圈最具女王风范的女星刘嘉玲，15岁只身离开家乡苏州来到香港，一心报考香港无线电视台艺员训练班。

她的第一次面试，因为不会说广东话而惨遭淘汰。随后整整一年时间，刘嘉玲几乎足不出户，苦练广东话和其他演艺才能，终于如愿以偿地考入香港无线电视台第十二届艺员训练班。

她从跑龙套、演配角起步，步步为营，演出了许多经典角色。她无须浓妆，就可以气场强大，既可演绎贤妻良母，亦可扮演一代女皇；她虽有不堪的过往，却从未影响今天的辉煌。

美国脱口秀女王奥普拉，是用“铁嘴”征服世界的堕落天使。

她童年没有父母，9岁时遭到性侵，进过少管所，14岁就生下的孩子又早早夭折。这样的遭遇，岂止是没有公主命而已，它们差点儿将奥普拉彻底毁掉！可就是面对如此的命运，奥普拉还是拼命抗争，完美逆袭。

通过控股哈普娱乐集团，奥普拉掌握了超过10亿美元的个人财富；她主持的电视谈话节目《奥普拉脱口秀》，平均每周吸引3300万名观众，并连续16年排在同类节目的首位；通过分享自己和别人的心路历程，她成为全美灵魂导师；她利用业余时间在大导演斯皮尔伯格的电影《紫色》中客串了一个角色，荣获了当年奥斯卡最佳女配角的提名。

她以超过14亿美元的身价成为美国黑人首富。喜欢奥普拉的人甚至认为如果她去竞选美国总统，获胜的把握也很大。美国伊利诺斯大学还开设了一门课程专门研究“奥普拉”现象……

也许你永远不会知道你身边的人，现在正经历着怎样的劳顿辛苦，伏案沉思、挑灯夜战或是风餐露宿、奔波在外。但你必须明白生存可以随遇而安，但是生活必须有所坚持。你坚持的态度，你奔跑的姿势，才是最美。

花一样的年纪，为什么不想着结出果实呢

有个朋友，前几年自己创业，做房地产营销代理，如今公司规模越来越大了。

有一次他跟我聊到公司女员工的情况，感触颇深地说："每次行政部推荐过来的面试人员，我一般扫一眼她的简历，就能看透她。"

"哦？老板当了这么多年，都火眼金睛了！"我笑道。

"我们公司是做房产营销的，招聘人员主要是行销拓客人员、案场销售人员，还有就是跟行政有些接近的后台销售秘书。大部分人愿意从事后台秘书，其次是案场销售，最后才是行销拓客。"朋友不急不缓地说。

"毕竟干后台秘书门槛最低，而且又不累。"我说。

朋友解释道："后台秘书只不过压力小，稳定清闲一点儿而已，但收入是最低的。我告诉她们行销拓客底薪最高，提成也高，未来升职机会很多，以后再转做案场销售或者后台秘书也很容易，可是她们一般都听不进去。"

我在一旁，为这些女孩子说着好话，"现在的社会，女孩子想找份轻松压力小的工作，也是比较正常的。干销售的顶着各种业绩考核指标，大家都知道压力比较大。"

朋友摇摇头，说，"可是，她们现在正处在需要打拼的年纪，选择一份没有太多前途的工作，其实就是没有事业心的表现。只是公司现在岗位紧缺，否则谁愿意招这样的员工呢？说不定哪天男朋友或者老公随便一句话，就能让她们辞职。我是真的为她们的未来担心。"

其实仔细想想，朋友的话也很有道理。创业这几年，他不是没有遇到过和他并肩作战、能力较强的女下属以及他花心血培养出来的有营销天赋的女职员。可是，她们大多早早退出了职业舞台，回到家庭相夫教子，无不令他扼腕叹息。

现在很多观点都说，女人是拿来宠爱的。男人的一句"不开心就别干了，大不了我来养你”，固然让很多女人感动，但是这样的话最好不要当真。

二十五六岁的女孩，花一样的年龄，正是最能吃苦、最能学习的时候。如果她们这时候寻求安逸，谈恋爱、打扮、交友、闲逛，甚至随便请假、轻松辞职，必将自酿苦果。再过两三年，她们大多进入婚姻殿堂。虽然不是所有人都让妻子辞职回家当全职太太，但是女人在这个阶段，心思往往会渐渐从工作转向家庭。

生孩子是一个女人人生的分水岭，如果不是公务员或事业单位人员，在普通私企里处于基层的女人，生孩子几乎是她们事业的终结。对于公司女职员来说，从怀孕到生孩子，喂养半年后再想上班，并且回归原职，几乎是不可能的。

这时，女人再找工作，条件和要求就多了：要离家近、下班早，要工作清闲、时间充裕，否则无法照顾家庭、孩子；也有人想请保姆，但是一盘算，保姆工资比自己的工资还高，索性就待在家里，亲自陪伴、教育孩子，一直到他们长大。很多家庭的不幸，往往就是在这个时候开始显出了端倪。

与妻子的职业生涯断裂相反的是，老公因为承担了全家的经济重担，促使他们不断努力、学习，拓宽人际交往圈。随着职位和收入的提高，他在不断进步；而妻子呢，孩子上了幼儿园后，她有空闲时间了，可以再次进入职场了，但是岁月不饶人，基层的工作自己不愿意干，稍有些技术含量的又干不了……也不是没有后悔过，怎么当年就没有好好学习，有个一技之长也不会像现在这么被动啊。这时，她们才后悔在可以吃苦的时候却只顾着玩乐享受，现在犹豫徘徊、心情郁闷，也给家庭增添了不稳定的因素。

W小姐目前最大的愿望是让老公多陪她聊聊天。可是，老公每天回家很晚，要么应酬，要么开会加班，回到家也不想说话，直接倒头就睡。

W小姐心情郁闷不让老公睡觉，非要把他拉起来说话，这时老公就觉得她越来越难以理喻，为了这个家，自己这么拼命，还不被老婆理解，日子没法过了。

W小姐却这样想：我为了这个家，奉献了一切，如今人老珠黄，面前这个男人难道不爱我了，嫌弃我了？

这种情况下，夫妻之间的差异越来越大，继而导致共同语言减少。

女人当初吸引男人的魅力已经不在，而她的神经质又不断烦扰着男人。于是，家庭战争，就经常在这样的夜晚爆发。一直到某一天，男人真的有了外遇。

是的，W小姐知道老公有了外遇。一次趁老公熟睡的时候，她偷偷翻查他的手机，看到他和别的女人在微信里的暧昧聊天。

她觉得自己又自卑又恐惧，然而又能怎么样呢？

如果离婚，自己会陷入绝望，因为她已无力谋生，家庭生活是她的全部；如果不离婚，那么她将这样在寂寞中老去，与琐碎家务、冗长电视剧为伴。作为报复，她可以挥霍老公的钱，但是她并不快乐。

亲爱的姑娘们，我们谁也不想要这样苦难无望的一生。所谓的中国式离婚，正在不断发生。

女人凭什么只是生孩子的工具，凭什么生了孩子以后就沦为保姆，难道自己毕生的精力和才智都只是为了一个小小的家吗？不要忘记，你也曾经受过良好的教育，你也曾经有过梦想，可究竟是什么改变了你的人生轨迹呢？

在年轻的时候不爱学习，没有事业，做完新婚媳妇做孕妇，做完孕妇做产妇，做完产妇做家庭主妇，最后把自己搞成了居家怨妇。

姑娘们，花一样的年纪，为什么不想着结出果实呢？你有三件事绝对不能停下来——不停地学习，不停地美丽，不停地赚钱。学习提升气质，美丽带来自信，赚钱享受尊重。

有事业心的女人，会不断丰富自己，爱情不是她生活的全部，生孩子只是一个小小的耽误，因为要么她已经成为公司管理层，要么她凭借一技之长已经自立门户。

有事业心的女人，在男人的世界里同样如鱼得水。她们或许没有花瓶的绚丽多姿，但是她们辛勤工作的身影和激情洋溢的才华，却经得起岁月的推敲。

亲爱的姑娘们，花一样的年纪，本该结出丰硕的果实。请每天自信满满地出门，像女汉子一样工作，如女神般生活吧。年龄从来不是借口，无论在哪个年龄段，请对自己有要求！

人生不回头，敢爱如当年

［第四章］

Chapter Four

爱情，不是不来，而是需要长久孤独地等待。

它需要近乎无望的持续付出，非坚强女人不敢为。

女王的爱情，是通过一个人看到整个世界。

即使是最终错过的天涯陌路人，也只是相逢一笑不相问。

遇见爱情，是最美的意外

周末的晚上，与先生一起看了《北京遇上西雅图之不二情书》。等了三年，薛晓路、汤唯、吴秀波“铁三角”卷土重来。

本片依旧以“遇见”为爱情主题，讲了一个不合时宜却又妙趣横生的古典爱情故事。与前作《北京遇上西雅图》不同的是，《北京遇上西雅图之不二情书》这次站在人生和生命的高度，“遇见”的是这个年代遗失的美好，以及那个几乎走丢的自己。

在看完电影的回家的路上，车里正好播放着孙燕姿的一首老歌《遇见》。

“我遇见谁，会有怎样的对白，我等的人他在多远的未来？我排着队拿着爱的号码牌……我往前飞飞过一片时间海，我们也常在爱情里受伤害，我看着路梦的入口有点儿窄，我遇见你是最美的意外。终有一天，我的谜底会揭开。”

歌词与电影相当契合，看着车窗外的风景，我有种落泪的冲动。

生而为人，总有太多遗憾。世间多少痴男怨女，总因遇不到对的人，或者即使遇到对的人却又阴差阳错地错过，而生出了无数哀怨故事。

秦观在《鹊桥仙》里写道：“金风玉露一相逢，便胜却人间无数。”

徐志摩写过：“我将于茫茫人海中访我唯一灵魂的伴侣，得之，我幸；不得，我命，如此而已。”

陈奕迅在《明年今日》里唱：“在有生之年能遇见你，竟花光所有运气。”

他们说的都是可遇而不可求的美好和遗憾。的确，人世间的相遇要看机缘，遇到对的人，更像是中了彩票。

与前一部电影《北京遇上西雅图》相比，《北京遇上西雅图之不二情书》是一个全新的篇章，讲的也是一个更为厚重、更富内涵的故事。本片不仅与《北京遇上西雅图》不再有任何关系，甚至与北京、西雅图这两个城市也没有半点儿瓜葛。

汤唯饰演的娇爷，15岁跟随父亲移民澳门，在赌城安家并成为赌场公关，分别与学霸郑义、富豪邓先生和诗人开展了一段段无疾而终的恋情。她是一个爱情赌徒，以身试爱，屡试屡败，孤独而迷茫。

吴秀波饰演的大牛，生活在洛杉矶，是一位房地产经纪人，与两名外国女子谈情说爱，并先后惨遭抛弃。说到底，他是一个不相信爱情的锁心人，拒绝靠近，孤独而困惑。

“人生而孤独，这就是世界。”电影中的孤独感弥漫周遭，难以挥去。别人都为了不同的欲望和目的与你博弈，没有人愿意停下来听你说话，没有人愿意走进你的世界给你慰藉。

娇爷遭遇的三次爱情幻灭，粉碎了一个女生对于美好爱情的所有幻想，浸透着深深的迷惘与孤独。所有这些磨难都为两人的“遇见”做了最充分的铺垫。

从一次阴差阳错的《查令十字街84号》信笺开始，娇爷和大牛兜兜转转，百转千回，从最初的完全陌生，到一步步敞开心扉逐渐进行心灵的交流，再到最后爱上对方。“对的人，总会遇见”——美好的梦想最终照进现实。

什么是“对”的人？那个人，就好像你丢掉的另一半。认识他(她)之前，全世界的人都和你不在一个频道上。你说的话，你做的事，他们只是听听、看看，也许过了一晚上就忘记了。而这个人却不一样。你说的每一句话他（她）都懂得，你做的每一个举动他（她）都明白。你忽然明白，不是周围的人肤浅，而是我们总是肤浅地交往着；不是遇不到精神伴侣，而是我们缺席每一场精神的相遇。

爱情，并非不来，而是需要等待，等待一个“对”的人，等待一个最美丽的意外，你的人生将会因爱而完满。

60多年前的1953年，就读于浙江大学的法国女子丹妮和中国学生袁迪宝相恋。但是，两人却有缘无分，因为袁迪宝已经结婚了。

1956年，丹妮带着伤痛离开了中国。最初两人还通信，后来由于“文化大革命”慢慢就断了来往，他们的情意只能存于心间。

从此，袁迪宝只能借每次出差杭州的机会，到丹妮的旧居前徘徊来寄托思念。远在法国的丹妮则依靠翻看旧信，并以虔诚祷告来排解感情。他们都以为，这段缘分已了……

多年以后，袁迪宝的发妻离世了，而在法国的丹妮也一直未婚。只是失去联系多年，他们都不知道心中的那个“他”是否还在世。

2010年初，晚辈们偶然谈起袁迪宝老人年轻时的故事，知道了那段封存了半个多世纪的感情，于是鼓励老人给丹妮写信。

老人经过一番思想斗争，终于行动了。他花了几个晚上，写了内容相同的5封信，寄向曾经熟悉的地址。真没想到，丹妮竟然回复了。

于是一场盛大的奇迹发生了。2010年9月，两人阔别半个世纪重逢。仅过了三天，两人就在厦门结婚，83岁的丹妮第一次穿上了婚纱。

与丹妮一样，《北京遇上西雅图之不二情书》中频频提到的女作家海莲，因为爱人弗兰克·德尔（一名英国书商）的去世，一辈子单身。同样，以《傲慢与偏见》享誉世界的女作家简·奥斯丁，因错过与初恋的缘分，也是终身未嫁。

世界上有很多事情，只要通过努力就有回报，唯有感情，无法用努力来衡量。有的人只是在街头游荡，就会遇见一生所爱；有的人穷尽一生，都在寻寻觅觅，或者无法和心中所爱之人相伴。

袁迪宝和丹妮是需要多大的幸运，才能遇到彼此，并最终相守。

遇见爱情，是生命中最美的意外。

谈一场让你不累的感情

“五一”小长假，大学同学十年聚会，见到不少阔别多年的老同学，其中包括Z先生和M小姐两口子。

同专业不同班的他们，大三时非常低调地走到了一起。十年后，他们俩一起亮相同学会，年轻的容颜，漫长的相守，幸福的结局，引起一片惊叹声。

这是一对“冻龄璧人”。Z先生帅气不减当年，岁月没有让他像很多男同学一样，悲催地走向中年发福；M小姐也比年轻时更显苗条，脸庞上不见任何衰老的痕迹，丝毫看不出是三岁孩子的妈妈。有未到场的同学，在微信群里见到大家的合影照片，还好奇地私下问我：“M到底生了孩子没有，怎么身材保养得这么好？”

我不由得想起他俩刚在一起时的情景：因为志趣相近、性情相投，都是很有分寸感、让别人感觉舒服的人，两人的恋爱谈得悄无声息却又平静浪漫。相比而言，彼时很多不懂事的大学校园情侣，因为正值年轻，所以肆意挥霍；因为不懂界限，所以相互折磨；动辄要死要活……最终都没有修得善缘。

大部分时候，我们的耐心、时间都是有限的。连情绪都会一点点儿流失，直至干涸，感情自然也是如此。互相消耗的感情最痛苦，以爱的名义虐来虐去，害人害己，最后折腾不动了，只好分手，这皆是因为违背了恋爱的本质——快乐。爱的形式有很多种，Z先生和M小姐选择的是让彼此不累的那一种，或许正因如此，他们才能容颜不输当年，十年岁月已过，相貌基本看不出变化。

大学毕业后，他们俩辗转多地，聚少离多，但感情平稳而坚固。

相恋第六年后，他们在W城结婚了。婚礼我没能参加，但开心地看了他们自己拍摄的VCR，镜头中两人情深意笃。是的，记忆中的他们，的确没有爱得撕心裂肺、相虐相杀。即使聚少离多，他们也很少吵架。就像M小姐自己在VCR里说的一样，“就这么健康的、可持续地爱下去”。

不管是在酒店房间里与他们的短暂相处，还是在晚宴上的比邻而坐，我都能感受到流淌在他们之间的这样一种气息：没有莫名的忐忑不安，也没有说不上来的看不顺眼，没有所有那些消耗神经、让人感觉累的东西。

离开聚会酒店的时候，已接近夜里十点。我一边开车，一边回味着与Z先生和M小姐这一天相处的点滴。属于他们的气场，也能慢慢影响旁边人，我感受到的是一种自然的舒适感。

据说，他们俩晚饭后并未回到酒店里去，而是携手在校园操场上慢慢散步，寻找旧日浪漫的感觉。这本身就是一种人到中年的浪漫，让心里的浮躁和戾气逐渐消解，享受最放松、最淡然的自己。

在浮躁喧嚣的现实社会里，在庸俗琐碎的日常厮磨中，他们就是谈着这样一场“健康可持续”的爱情。在我看来，这就是不让你累的感情，让你获得身体和精神的双重轻松，弥足珍贵。

不让你累的感情，是不见面时我知道你在，你知道我在，我们彼此专注于自己的事，却又心有灵犀、默契十足。

不让你累的感情，是见面了可以享受片刻的安静而不觉尴尬，偶尔抬起头对上对方的眼神，粲然一笑，静谧安好。

两个人在一起最好的状态，简单来说就是不累人、不费神、不刻意、不琢磨，更无须纠结。满足现状，觉得安心、踏实，绝对占有，却又相对自由。不用担心害怕，因为你知道对方真的不会走。

见到身边很多分分合合、爱得死去活来的痴男怨女，他们总是把爱情放在嘴上，不分时间，不论地点，腻得渗人，好像分分秒秒离不开爱。他们不但希望对方用语言、用行动、用礼物来证明，更为自己能如此投入一分感情，感动得一塌糊涂。但是，你可知道，他们总是在一起的时候你依我依，而在分开那一刻却又突然如释重负。

世上太多的分离，不是因为不爱了，而是因为累了。

小丁和她的男朋友便是如此。

恋爱时，她每天都忍不住打电话找男友，男友稍有语气不好或者态度敷衍，她就很受伤，害怕他拂袖而去，害怕他爱上别人。

尽管他承诺了爱她也愿意娶她，她却仍然找不到安全感。

她时常被男友无意的一句话惹得号啕大哭，又或者因为他的一个无心之失而恼羞成怒，终日情绪波动喜怒无常，继而深陷烦恼，抱怨不止。

也许，很多女孩和小丁一样，认为爱情本就是如此，电光火石，非爱不可，天涯海角，抵死缠绵。他要把她捧在掌心，她要把他刻在眼里，他们就是彼此的唯一。却不知，这其实是幸福对她们的警告。

评判一段感情适不适合你，就一个标准：如果累，就放手。面对一段太累人的爱情，还紧抓不放，往往是因为你懒，懒得重新洗牌你的生活。你的世界败象已露，最后只能等待别人轻易地攻城略地。

我问小丁：假如现在你们分手了，你会怎么生活？

她仔细想后不禁又开始担忧。因为除了爱他，她的生活竟然已经没有其他有趣的事可以做了。她心中唯一的牵挂是：我该如何看住这个男人，我该如何讨好这个男人。但是，她却遗忘了一件事：自己的生活去哪里了？为什么会在这段感情里过得这么累？

这是许多女人不幸福的根源，将全部幸福都寄托在一个男人身上，喜怒哀乐全部与他相关。一旦哪天这个人撒手离去，她们的世界就全然崩塌。

多少女人，因为爱情丢了自己，并且以爱之名行伤害之事。因为爱情，放弃其他快乐，单一的支点一旦倾塌，痛苦便如一场完全没有准备的寒流侵袭而来。

一段感情，不要让双方觉得累，累了，自然就会有一个先离开。

你收一收你的“玻璃心”，我放一放我的“直男癌”，谈一场不让你累的感情，只要我知道你在，一切就都很好。

暗恋，爱在将来时

最近有朋友在微信上跟我聊爱情究竟有多少种形态？

我说大概有三种吧，爱在过去时，爱在现在时，爱在将来时。

爱在过去时，是留给前任的情；爱在现在时，是给当下最值得珍惜的人；而爱在将来时，那就是暗恋。作家张炜曾说过：暗恋，这是一种非常美好的情感，它来自于无望的爱。

无论是调皮捣蛋的男生，还是端庄娴静的女生，我们都曾暗恋过别人。现在还记得十七八岁时爱上的她或他吗？现在回想起来，那个人是在低头读书，还是在篮球场上奔跑？即使经历了时间的沧桑，见识了人性的善恶，在你心目中，他还是神一样的存在。

在某个时期，当暗恋发生的时候，生命中的所有快乐都来自于这一场华丽的幻想。它是一种无言的表达，混合着纯粹的稚嫩想法，淡淡的哀愁。

就为了这不可言喻的微妙情愫，你可以日夜不停地滋生着一种温柔。那种温柔涓涓细流般不停地流淌、撩动你，于是整个世界都如同清晨露水中的鲜花，娇媚明艳，楚楚动人。

我有一个朋友，是一个精神至上的柏拉图主义者。

记得在漫长的大学四年，她把最绚烂的情感世界，毫无保留地向一个永远只留下背影的男人敞开着。最热烈的，最忧伤的，最甜蜜的，最温柔的悲喜哀乐，却隔着遥远的距离，她尽情地体会着。虽然无望，但是依然无悔，只因为她知道，这份爱，是爱在将来时。

他们并不在一个城市，彼此之间不通讯息，没有联系，可是他所有的行踪都牵动着她的每一根神经，所有关于他的想象都是美好的。

张爱玲去温州看望正在避难的胡兰成。见面时，她说，因为有你在这里，我在路途中只觉得这座温州城，像含着一块宝石闪闪发光。那个男人所待的那个城市，在我那位朋友看来，又何尝不是衔着一块闪闪发光的宝石！那简直是梦一样的存在，可以无限想象却永远无法抵达。

她搜集着一切关于那个遥远城市的资料，从人文生活到旅游地理图片，从民俗工艺品到地方音乐小曲。

无数次冲动之下，她跑到火车站。然而，在准备买票的最后时刻，她犹豫了，她知道这只不过是一场无望的爱，就像张爱玲到了温州，最后归途中，还是孤身一人，撑着伞站在雨中的船头，静静流泪，直至船回上海。

当然，她也遭遇过现实中的爱情。不过，在她看来，这是另外一种形式的爱情。当暗恋被世俗生活的灰尘掩埋时，仿佛一切真的不曾发生。曾经宿舍里的惊天动地，曾经马路上的把酒问天，曾经雪地里的一夜痛哭，曾经睡梦里的千回百转……一切都如云烟般散了。而她确定，她是爱他的，只不过那爱，真的是在无边的将来时。

这样一种无望的将来时的爱，在电影《冷山》中曾经深刻的得到表现。

电影《冷山》中，战争将一对爱情尚未来得及萌芽的男女分开。

3年来，女主角妮可·基德曼以异乎常人的执着和坚持，为在远方战场上的裘德·洛寄出了103封信——尽管这些信全部消失在硝烟滚滚、炮火纷飞的路途中。男主裘德·洛一封也未曾收到。

对于裘得·洛来说，他并不知道冷山小镇的那个女人给他写了那么多信。求生的本能让他拼命从战场上逃出来，一路上战胜死亡、寒冷、饥饿、其他女人的诱惑。依靠着某种不可言喻的强烈信仰支撑着，他最终回到了冷山，回到了妮可的身边。

对于妮可来说，正是这一封封写给那个男人的信，支撑着她度过了3年的艰辛岁月，信中倾诉的深沉思念是乱世中一个柔弱女子的全部精神信仰。结局是什么，真的已经不重要了，哪怕男主人公第二天就死在了追兵的乱枪之下。

是的，在某个特殊的时期，对某个人的思念，或许能让我们更加珍惜生活，感激生活。如张炜所说，这种感激那么深长、久远、回味不尽。仿佛时常感觉到一种独特而和谐的完美旋律在他的灵魂深处奏起，仿佛生命中有了一次奇特的远行，因为这奇特的目的而变得生机勃勃，有声有色。

那个不能到达又每时每刻都在抚摸着的心愿，恰似沈从文笔下的翠翠，夜夜呼唤着她可能永远也不会回来的情人，她与他之间的距离，是一种世俗尺度所无法测量的距离，囊括了一切的美好和诗意。

暗恋，是独角戏，也是不归路。

诗人叶芝一直爱恋着那个爱尔兰女人毛特·岗，直至脸上刻满皱纹。

所有人都不会忘记，他留下的那几句令人潸然泪下的吟咏：为这无望的爱饶恕我吧/我虽已年满四十八岁/却无儿无女，两手空空/仅有书一本。

1889年，23岁的叶芝，对美丽的爱尔兰民族运动女战士毛特·岗一见钟情。叶芝这样描写第一次见到毛特·岗的情形："她伫立窗畔，身旁盛开着一大团苹果花；她光彩夺目，仿佛自身就是洒满了阳光的花瓣。"

叶芝深深地爱恋着她，1917年，52岁的叶芝第三次向毛特·岗求婚，依然被拒绝。尽管如此，叶芝对于她的爱慕终生不渝。同时，难以排解的痛苦也占据了叶芝一生很长的一段时间。

爱情的无望和痛苦，促使叶芝写下很多不朽的诗歌。在数十年的时光里，从各种各样的角度，毛特·岗不断激发叶芝的创作灵感：有时是激情的爱恋，有时是绝望的怨恨，更多的时候是爱和恨之间复杂的张力。最为著名的是那一首《当你老了》：

当你老了，头发花白，睡意沉沉
在炉边打着盹儿，取下这本书
慢慢地读着，你曾经的柔柔眼神
浮现心底，眼影深深
多少人爱你飞扬的青春岁月
爱你的美貌，那爱或真、或假
只有一个人爱你朝圣者的灵魂
爱你那饱经风霜哀戚的容颜
炽热的炉栅边，你弯下腰
低回，叹惋爱的消逝
越过群山
他的面容隐没在繁星之中

与叶芝相似，不是诗人的金岳霖，以另一种方式，把一生的爱恋给了那个名叫林徽因的绝世女子，直到年华老去，溘然长逝。

与叶芝不同，他那无望的爱却必须要以友情来掩盖。为了本不是友情的友情，他与林徽因夫妇俩住在一个院子里，帮他们排忧解难。他似乎比谁都镇定，不知这世上有几人能有勇气拥有这种陡峭的情感经历？

林徽因逝世那天，他终于在所有人面前失态，整整一天默默不语，并从此一个人孤独终老。

暗恋，是一场没有交集的汇聚，在滚滚车流中，你在那一头，我在这一边。转身，你转瞬湮灭在人潮中；徘徊，我永远迷失在爱情的十字路口。

爱在将来时，冠盖满京华，斯人独憔悴。

你的 Mr.Right，是一个能和你一起成长的人

2015 年 7 月 21 日，是刘嘉玲、梁朝伟结婚 7 年的纪念日，网友在微博上晒出多年来二人携手走过的亲密照片，祝福二人结婚纪念日快乐，并对他们携手 26 年的情感送出了最深的祝福。刘嘉玲转发网友的微博，感慨道："没有永久的婚姻，只有共同成长的夫妻。"

很少见到一对初恋情侣能够走进婚姻殿堂的，也很少见到最初那个心动不已的人，就是与你白头偕老的 Mr.Right。太多相爱过的情侣，最后在时光的岔路口，情愿或不情愿地挥手再见。

听说表妹过几个月就要结婚，新郎却不是那个谈了将近 10 年的男朋友。

说起表妹的那个男朋友，我们这些亲戚都不陌生。他们从高中就在一起，大学时两人虽然在一个城市，但优秀的表妹就读的是知名大学，而贪玩的男友上的却是不入流的专科学校。

他们的分歧应该在大学里就显现出来了。表妹的话题，是考研、考证、托福、GRE；而男友的生活里，似乎一直是打不完的游戏、看不完的球赛。表妹想出国留学，见识更大的世界，男友的规划是毕业后回老家找个稳定工作，早点儿结婚。

相较于情深，共同成长才是最重要的。在大学毕业后的第二年，他们的感情终于以分手告终。多年前，携手走进中学校门的他们，如今已经走向了完全不同的世界。不是谁对谁错，既然两个人已经不合拍了，也就没办法一起走下去了。

表妹虽然很伤感，但是也很明白，她的 Mr.Right，不仅仅需要当下彼此相爱，更需要长期同步成长。两人节奏一致，不需要谁等谁，不需要谁一瘸一拐地想要赶上谁。

有一句话说得很好，好的爱情，是你通过一个人看到整个世界；而坏的爱情，是你为了一个人舍弃整个世界。

那个 Mr.Right，不会狠心要求你放弃你现在的一切，放下你喜欢的事业，离开你喜欢的城市，去他所在的城市重新开始，以爱之名阻挡你拥抱你想要的未来。

那个 Mr.Right，不是说你落入人生低谷了，他就离你而去，而是在你遭遇困难的时候，他会紧紧抓住你的手。他理解你的悲伤，排遣你的焦虑，尽他所能地将你拉出情绪的沼泽、人生的低谷。

那个 Mr.Right，是值得长久相爱的人，是那个不会阻碍你自由生长、更愿意与你一起进步、一起成长的人。

说到蒋介石就会想起第一夫人宋美龄，但据说蒋介石最爱的女人叫陈洁如。蒋介石初见她时心动不已，疯狂追求后，最终赢得美人归。

两人结婚 7 年后，蒋介石为了他的大好河山，决定与宋美龄联姻，让陈洁如避走异国他乡。

陈洁如自然百般不愿意，蒋介石发毒誓说他与宋美龄不过是政治联姻，5 年后必与陈洁如恢复关系。

陈洁如只得顺从，却没有想到蒋宋二人的这段政治联姻却稳如泰山，一直相守到老。

人们或许会想：蒋宋即便相守，却注定不幸福，如今看来却是未必。

陈洁如22岁与蒋介石分手，郁郁寡欢，终身未再嫁，65岁独自客死异乡，她用40多年的时光来追悔这7年的岁月。

陈洁如曾在自传中表示，她并不期望蒋介石有太大建树，只想相安无事过平凡的日子。然而，谁都知道蒋介石是有野心的人，他需要的不是寻常的贤妻良母，而是能助他功成名就的女人。相比陈洁如，宋美龄不论家庭背景，还是学识教养都与他博大的野心相匹配。

在美国，宋美龄用流利的英语演讲，蒋介石坐在台下，注视她的眼神是幸福、尊敬和欣赏。他们既是夫妻，又是盟友，更是战略伙伴，这样的关系怎能不稳如泰山？由此可以想到，即便没有宋美龄的出现，蒋介石和陈洁如两人经过甜蜜期后，迎来的必将是不断的争吵。

一对相爱的情侣，当其中一方已经爬上高峰，而另一半还在谷底徘徊，这个时候，走得快的人，也许会去拉在谷底的人，一次可以，两次可以，那么三次、四次呢？

也许，次数多了，走得快的那个人会不耐烦，甚至会疲倦，两人该怎么一起欣赏山顶的风光呢？看来是不能了，那么不如找一个能和我一起站在峰顶、共赏风光的人吧！

所以，这是一段感情里最可怕的地方，也是出轨的根本原因！

一段好的感情，必定需要你的如意郎君或者白雪公主，是一个能和你一起成长的人。你们是有相同价值观的伴侣，彼此聊得来，能够相互帮助、相互尊重、相互欣赏。你们的心，始终绑定在一起，彼此知根知底，对未来有共同的期待和愿景，在漫漫人生里，相互扶持，共渡难关，共同成长。

不是没了你，我的人生就会很糟糕；而是有了你，我们的人生会更好。

女人，为自己制造一场心动

一次，和几个闺蜜聊天，话题百无禁忌，大家畅所欲言。聊到“恋爱、结婚这么多年来，到底还会不会对其他男人动心”这个话题时，大家纷纷炸开了锅。

“还动心呢？结婚都六七年了吧。现在到了上有爹娘、中有老公、下有儿女的时候，连找一个蓝颜知己的闲情都没有，哪来的动心？”

“上班要像男人一般杀伐决断，回家要像主妇一样贤良淑德，孩子面前要像孟母一样慈爱，老公面前还得学酒吧女郎美艳性感。这重重角色都来不及转换，哪还有心思去对其他人动心？”

“现在社会已经很直接了，要暧昧就直说。出来混的个个都是机会主义者，能赚就赚一把，赚不了也无所谓。哪里还有人会含蓄谈情，约个会告个别还一步三回头眷恋不舍？”

“好啦，这都成控诉大会了！又不是让你们婚内出轨。不过说真的，结婚后的情况不提也罢，不过婚前有没有对其他人动过心呢？”我将话题拉回来，问大家这个问题时，闺蜜A立即说起了一段多年前的往事。

那时她与现任老公还没结婚，却同居了三年。最初的激情慢慢退去，生活仿佛一潭死水。

突然有一天，一颗石子悄悄投下，在她的心湖掀起波澜，然后涟漪扩散，久不平息。

事情起因是，高中喜欢她三年的那个男孩，要来她所在的C城市出差，并提出了见面要求。

闺蜜A说，想当年自己还是十八九岁的青春年华，被一个成绩优异的男孩单纯而执着地喜欢，心里还是很高兴的。只是当年由于家庭和学业的压力，她不敢谈恋爱，也不懂得如何拒绝，最后直至高中毕业，两人也没能在一起。大学乃至毕业工作之后，两人再无联系，各自有了男女朋友。

现在，那个男孩突然联系自己，说要见一面。得知这个消息时，她心如小鹿乱撞，一整天都有些精神恍惚，总想着在哪里见面，见面时穿什么衣服，说什么话，甚至临出门前还莫名紧张和激动，不知道这是不是所谓的心动。

大家纷纷问，“你们见面了吗？有故事发生吗？”

闺蜜A白了我们一眼说：“本以为是和他一对一见面，缅怀一下当年的青春时光，没想到他把男同事一同带来，于是我请他们两个男人吃了顿饭。我们仨聊聊天气，谈谈人文，说说近况，仅此而已，你们以为还能发生什么？”

众人听了大笑说现实永远比想象严酷好笑。

闺蜜A转而严肃地说：“首先，我不能对不起老公；其次，我想和他单独见面，只不过想体会一下心动的年轻感觉，你知道我有多少年没有心动过了吗？”

这话听来有些伤感，那时她和老公还没结婚，但是激情退却，生活变得平淡如水，逐渐消磨了一个女人对浪漫的向往之心，甚至连心动都成为一种奢望！

说实话他们已经到了要么结婚、要么分手的危险境地。后来不到半年，他们果然结了婚，有了孩子，现在倒也幸福美满。

听闺蜜A说完往事，闺蜜B也开始回忆自己的往事。那是一段悬崖勒马的旧事，或许每天都在众人身边上演。

当年，她和老公即将订婚，没想到初恋男友跑来，声泪俱下地表达当年分手的懊悔之心，并一再哀叹，再也碰不到像她这么好的女孩了。

这样的话，女人听了还能平静吗？更何况对前任还余情未了的她。

于是她辗转反侧，夜不能寐，然后他们俩出去见过几次面，还牵了手、揽了腰，甚至还被强吻。

她说她当时的确有些心动和纠结，一方面觉得这样对不起未婚夫，心存愧疚，一方面又难以舍弃前男友，情丝难断。

众人问她，那你最后是怎么选择的？

她幽幽说道，大概是女人的直觉吧，我觉得他只是想跟我上床。后来经过试探，果然是这样。彼时，我才猛然醒悟过来，他大概看我要嫁给别人，一时心绪难平想重温旧情吧。

我相信，男女之差别就体现在这里，女人无论精神出轨到哪里，身体决不会那么容易沦陷，除非她下定决心要破旧立新、改天换地。

是的，已经为自己制造了一场心动，又何须一定要铤而走险，累及无辜。与男人不同，女人无论怎样的意乱情迷、深陷其中，也大多还是会考虑自己丈夫、家人的感受的。

电影《英伦情人》里的女主人公，虽有婚外恋，但因身处乱世，也是情非得已，何况她最终还是痛下决心，要终止这段恋情，只是最终在丈夫的妒火之下，不幸殒命。

电影《廊桥遗梦》里的女主人公斯特里普，长期与丈夫及两个孩子过着平淡乏味的乡村生活，却在与《国家地理》杂志摄影师伊斯特伍德四天的短暂相处中，产生了一段刻骨铭心的爱情。但是，为了家庭责任，她最终还是与这个男人痛苦地分手，重返家庭。

在长年平淡的婚姻生活中，很多女人都会和《廊桥遗梦》里的斯特里普一样，被迫放弃原来的生活理想，埋身于琐碎的家务之中。一旦有充满自由气息的男主人公出现时，她就会情不自禁地被他所吸引，为自己制造一场意料之外的心动。但凡事适可而止，一切也止于心动和欣赏之时。

狭隘的爱，只能找到一个狭隘的出口，比如偷情。而偷情不过说明长年累月的失落感和求而不得的空虚感。不论是身体的寂寞，精神的枯萎，还是自我的沦陷，皆是如此。

很多女人，并不知道自己可以活得多好，甚至连简单的自信都没有。心怀慈悲而又心智坚强的人，从始至终，心都不会空，因为她们心中有大爱，她们能在生活中找到更多的出口，能为自己制造更多的心动，却不会伤害自己和别人。

最好的感情，是一场平等的博弈

西蒙娜·德·波伏娃在《第二性》中有句名言：“女人不是天生的，而是后天形成的。”她认为，女人的行为模式是由社会设定的，人类社会的传统习俗、思想观念对男女之间差异的作用，远远大于生理上的影响。

很多女人的一生都局限在爱情和婚姻里。如果幸福还好，但若她放弃自我和理想，浑浑噩噩地活着，连真实的自己也无法认清，那她的一生便只是一场梦了。

前不久刚去世的杨绛先生曾经说过“夫妻间最重要的是朋友关系，即使不是知心朋友，至少也该是能做伴侣的朋友或互相尊重的伴侣。”

因此，在这样的关系里，首要的一条是平等，无论精神还是物质，皆不存在依附与被依附。

杨绛先生出身名门，才学渊博，虽然始终被冠以钱钟书夫人的名号，但一生著作等身，事业丝毫不输丈夫。他们一起生活的63年，她与他比赛读书，比赛做学问，他们的灵魂站在了完全平等的高度。

当初她从一大群追求者中选择钱钟书，其实是看中他“志气不大，只想贡献一生，做做学问”。因为在她看来，“妻凭夫贵这事儿，并不是那么靠谱，而且也无必要”。

当时，杨绛成名比钱钟书早，《称心如意》《弄假成真》《游戏人间》等剧作已经被陆续搬上舞台，反响强烈。她的编剧事业做得风生水起，这才刺激了钱钟书想写长篇小说的冲动，这便是经典名著《围城》的由来。

然而，即便是这样的一个出身优越、思想新潮的女人，依旧逃不脱她在婚姻生活中巨大的牺牲和付出。在钱钟书看来，杨绛不仅是妻子、情人、朋友，说得不好意思一点，她还是“母亲”。

婚后的杨绛，甘愿洗手做羹汤，做丈夫背后的女人。当钱钟书减少上课，在家专心写作后，为了节省开支，杨绛辞掉了女佣，一切家务自己扛。

她第一次做虾，看到虾被刀切时会抽搐，心有余悸，只得问丈夫可不可以不吃虾。他撒娇说，不，我要吃虾。于是，她莞尔一笑，继续做虾。

杨绛生孩子住院时，钱钟书常常苦着脸来汇报“我做坏事了”。他有时候打翻了墨水瓶，有时候砸了台灯，有时候不小心拔下了门轴上的门球，杨绛只好说：“不要紧，我会修。”

63年间，她从未拿任何家务事去烦他，有些麻烦自己解决了便不告诉他。她习惯了与他分享幸福，而将烦恼交由自己处理，因为在她看来，幸福经过分享会有双倍的甜蜜，烦恼却并不会因为两人一起分担而变得更少。

这样的婚姻生活，于才华卓绝的杨绛而言，是有理由抱怨的，而她却看透了“人间不会有单纯的快乐，快乐总夹带着烦恼和忧虑”。有这样的豁达胸襟，也才会有丈夫的终生之爱与感激：执子之手，与子共箸；执子之手，与子同眠；执子之手，与子偕老；执子之手，夫复何求？

后来，在丈夫钱钟书与女儿相继离世后，杨绛在92岁高龄下，提笔著书《我们仨》，并说自己只不过留在人世，打扫现场。

从杨绛这一生来看，女人在不同的阶段有不同的修行，而在男女感情里最好的状态，其实是平等的博弈。这像是两人坐在跷跷板的两端，你高时，我便低，你低时，我便高，各有输赢，互留情面。

再来看看鲁迅与许广平，民国时期很著名的一对师生恋。无论当年的许广平如何独立、叛逆、激进，但当她嫁给鲁迅后，她完全为鲁迅付出，忘记了自己。

隔着20年沉重的岁月差距，他们之间太难找到制衡点，所以，一个总是高，一个总是低。许广平说："因为你是先生，我多少让你些，如果是年龄相仿的对手，我不会这样的。"

1925年，情窦初开的许广平给鲁迅写了第一封信，鲁迅回了第一封信。一来一往，便是10年。后来，鲁迅将这些信件结集出版，便有了《两地书》。《两地书》里，有心动时的怦然，相恋时的飘然，以及婚后的漠然。爱情的一波三折，婚姻的现实残酷，被这160余封信照一照，全都现出了原形。

1927年10月，鲁迅与许广平在上海正式同居。1928年，许广平怀孕，两人正式宣布结婚。婚后的生活，全然不是想象中的样子，从前的甜蜜浪漫抵不过婚后的一地鸡毛。

婚前，他带着她到杭州游玩，享受恋爱中的二人世界；他带她看电影，照顾她的近视眼，买最好的影院座次；他心疼她替他抄写手稿，感动地握紧她的手。

婚后，住在上海10年，两人从未进过兆丰公园，连离家很近的虹口公园也不曾去过；许广平想看电影时，鲁迅总说电影没什么好看的；家里一应大小事，全是许广平操持着。她忙到没有一点儿时间，忽略了自己，丈夫也不再感动，同样忽略着她。

婚前，两人从诗词歌赋聊到人生哲学；婚后，鲁迅从衣来伸手到饭来张口。面对着一个人人敬仰的大先生，面对着一个为“文化革命”奉献终生的先驱，许广平的无奈和苦衷，也只能是有口难言。

她所有的时间和青春，都消耗在照顾鲁迅的日常起居上。从前她是学校运动的领袖人物，被鲁迅称赞为有大胆的思想；现在她从一个“五四”新女性，无奈地回归到传统女性。为了鲁迅和周海婴，她选择断笔，放弃梦想，甘于庸常。

婚后几年，他们俩的隔膜越来越深，话也越来越少。鲁迅再不像从前一样，给她陌上花开缓缓归的珍惜。有时候，她只是说了一句鲁迅不喜欢的话，鲁迅就沉默不语很久。

临终前，鲁迅何尝没有对婚姻的体谅，对许广平的愧疚。他劝她：“忘记我，管自己的生活。”

然而，多年之后，许广平始终没有忘记鲁迅。他走了，他的文字还在，为了他崇高的梦想，她一直坚持着整理鲁迅文集。自己的生活，究竟是什么，她早已不在乎了。

除了杨绛与钱钟书、许广平与鲁迅，其实还有更极端的例子，那便是卡米耶和罗丹。

罗丹是19世纪最伟大的雕塑家，是创造了《思想者》《地狱之门》《青铜时代》的天才，但这样的天才却亲手毁灭了一个才华横溢的女人。这个女人就是卡米耶·克洛岱尔，她原本有机会成为那个年代最杰出的女雕塑家。

1882年，卡米耶遇见罗丹时，他已是享誉欧洲的艺术巨匠，她还是个刚成年的小姑娘。她漂亮而骄傲，柔美的外表下有着一颗男孩子般自信敢闯的心。尽管罗丹比卡米耶年长24岁，两人还是义无反顾地相爱了。

两人在一起的10年，是双方创作的高峰。卡米耶做罗丹的模特，著名的《吻》《永恒之春》《冥想》里的美丽女子都是卡米耶的模样。两人还一起合作《加莱义民》《地狱之门》等作品。卡米耶极美的作品《沙恭达罗》《华尔兹》也在这一期间完成。

可是，他们的感情从一开始就是不平等的。罗丹功成名就，卡米耶初出茅庐；罗丹阅人无数，卡米耶只为一人投入；罗丹有陪伴他20多年并给他生下孩子的女人罗丝，卡米耶却因为这段感情被亲人排斥，事事艰难。甚至，卡米耶10年里多次怀孕，又多次流产。

卡米耶爱得太强烈，希望拥有对方的全部，也希望对方把自己当作全部。但是，她总是一次次地失望。这个倔强偏执的女子难以容忍罗丹的不专一，嫉妒、怨恨、愤怒、忧郁每天都在侵蚀着她，她最终离开了罗丹。

卡米耶被绝望吞没，并带着绝望从事雕塑工作。因雕塑材料昂贵，收入极不稳定，雇佣工人、租用工作室都需要大量资金，卡米耶很快陷入财政危机，这更加重了她情绪的起落。

1913年，父亲的去世成为压倒卡米耶的最后一根稻草。她发疯般地砸毁自己的作品，喊叫着罗丹偷窃了她的灵感。很快，她被送到精神病院。30年后，她死在精神病院里面。

无数爱情，从童话走向悲剧，无不是其中一方始终处于不平等的状态而生出来的悲愤怨恨，使爱情走向万劫不复。现实生活里，一位女子坚持独立、自由与平等并不容易。无论过去还是现在，如果你不依附于对方，很可能就要被对方所依附。

感情中没有永恒的快乐。一段感情里，一方对另一方太有所求，或者毫无所求，都不是最好的状态。最好的感情，是一场平等的博弈，互有输赢，为彼此留下情面。

感情的博弈，如果不能用平等的心态去对待，那么，从一开始，你就失败了。你只有勇敢拼搏，摆正自己的心态，想方设法将你的博弈对手拉到与你平等的水平，你才会有胜算的可能。

每一个姐弟恋的女人，都有一颗强大的内心

人们觉得，男人离婚是增添了魅力，变得知冷知热成熟稳重。而离过婚的女人，那就是二手货，哪有挑选的余地呢。只要是个男人，塞给她，她就没有拒绝的道理。

我老家一个邻居大姐，跟老公感情不和离婚后，一直单身。有热心人给她介绍对象，鱼龙混杂，各色人等都有：性情古怪的老光棍，身体稍有残疾的人，还有离过婚带俩孩子的四十多岁大叔……邻居大姐统统拒之门外，概不接纳。

当时老家所在的街上，兴起了许多洗车店、汽车美容店。邻居大姐找娘家人借了点儿钱，租了一个小店，也开始给人洗车，每天起早

贪黑，忙碌不休，带着孩子过得很是艰辛。

大家都说要是有个人帮她，日子可能会过得舒适一点儿，但她宁缺毋滥，哪怕每天累得腰酸背痛，也不愿意接受外人的帮助。

寒来暑往，几年的吃苦耐劳，使得她的洗车店经营状况越来越好，她还结识了比自己小5岁的男友。两人在一起情投意合，相恋3年后，不久前终于去领了结婚证。

这一对姐弟恋修成正果，在老家引起了相当多的围观和议论。有深明大义为他们祝福的，也有无中生有，各种诋毁的。

有些大男子主义者诋毁邻居大姐，因为他们见不得一个老了的女人还有第二春，见不得老女人找了一个比自己小的老公；而一些善妒的女人也诋毁邻居大姐，背后的心理很好理解，无非就是自己做不到，各种羡慕嫉妒恨而已。

可是这年头，谁会在乎别人诋毁自己呢？听从内心而活，才是真正的强大！

随着时代进步，姐弟恋已经像雨后春笋一般越来越多。在爱情和婚姻里，年龄再也不是最重要的指标了。

原始社会，女人需要依附男人打猎回来的食物才能生存和养孩子，因为女人没有男人强壮。如今，时代越来越进步，女人获取食物早已不需要打猎了。这是拼脑袋拼智慧的时代，而在这一点上，女人并不比男人弱。

这样的时代，注定越来越多的女人走上历史舞台，掌控自己的梦想和爱情。从伊能静到王菲，从钟丽缇到杜拉斯，可以看到每一个姐弟恋的女人都是内心强大的女王。

在经历了人生的低谷时期后，伊能静的感情世界曾经空白了五年，她一度以为自己会嫁一个商人。她说“说没想过嫁豪门是骗人的，但他们的世界就是离得你好远，精神世界也离得你好远。”

后来，她被青年演员秦昊吸引了。两人相差十岁，却喜结连理，后来又爆出怀了女儿。伊能静经常在微博上晒她的幸福感，但也由此引来一些网友的谩骂，说她“老母年吃嫩草”。

伊能静发微博回击：“我这个将老去的‘大’女人希望你知道，我曾经被洗脑，深信自己的性别比男人低下，生不出男孩就是我最大的错误，但现在的我不再活在你的歧视之中，更不会为自己的年龄差耻。是女人孕育了生命。没有女人的产道，就不会有你；没有女人的脐带供给你养分，你就无法存活；没有女人的子宫，你就不会被保护。你曾经在女人的身体里缩成一团，是女人的爱与勇敢才让你看见产道外的第一道光，是女人怀胎十月的期盼与勇气，才让你现在有机会上网嘲笑女人老去。”

在被骂的那些人看来，老女人就没有价值，就活该被抛弃，就必须要隐忍和委曲求全，就必须要为男人付出和牺牲。这些都是应该被抛弃的社会偏见。

再看看王菲吧！谢霆锋比王菲小11岁，两人第一次公开恋情是在2000年6月。当时王菲31岁，谢霆锋20岁。后来两人分手，各自结婚离婚。事隔15年后，他们兜兜转转竟又复合。

很多人惊叹，谢霆锋会亲自为王菲下厨。他曾经说过：“如果到我真的煮早餐的那一天，那肯定是我找到真爱的那一天，因为我只会为她做早餐，人生都是处于不同阶段性。”由此可见，天后王菲的魅力。

我们再来看看杜拉斯。

杜拉斯一生最值得惊叹的是那段姐弟恋，或者说是忘年恋。

那一年，她66岁，一个叫杨·安德烈亚的27岁男人来到了她的身边。

杜拉斯当时年近古稀，昔日风韵荡然无存。香烟、烈酒、放荡和持续的悲愤，使她看上去更加老迈，也更加倔强。

虽然杜拉斯已经老了，但是依旧爱男人、充满激情。她就像立在峭崖上的鹰隼，永远在冷冷地望着远方。而杨·安德烈亚却只望着她一个人，心甘情愿做她的奴仆和影子。

在通信7年之后，杨·安德烈亚携带着一瓶酒终于走进了杜拉斯的生活。在此之前，他通过杜拉斯的作品，爱上了这个已经不再年轻的女人。

他比她小39岁，视满脸皱纹的杜拉斯为祖母、情人和偶像，见到她时激动又荣幸，并且一直陪伴杜拉斯到生命的最后一刻。

现实生活中，年轻女孩嫁给一个老头，双方得到的社会评价却完全不匹配。大家认为这个老头很牛，因为他有钱有势有地位；而年轻女孩则会被骂贪钱走捷径。所以，当邓文迪嫁给默多克时，人们都骂她“心机婊”；当她离婚后，找了一个小鲜肉时，好事者又闲不住了，又开始骂她老牛吃嫩草。

自古女人不易做。因为年龄与容貌成正比，所以很多人说女人最大的敌人，不是男人，不是女人，而是时间。如果容貌是女人的唯一资产，那么它的确会让女人越来越贬值。如果女人在变老之前没有增长内涵，没有变得更智慧，那很危险，也很可悲。这时候，时间就真的是她的致命敌人了。

但是，也有一部分女人，与时间赛跑，与衰老抗争，多了魅力，长了见识。这时候，女人就增值了，比如王菲、邓文迪、杜拉斯。随着年龄增长，岁月流逝，她们更有阅历、更加智慧，甚至实现了个人价值，你能说她贬值了吗？

每一个姐弟恋的女人，都是内心强大的女人，因为她们手中的筹码，除了青春和容貌之外，还有更重要的，诸如身价、智慧、好性格等。美好的婚姻从来都是综合因素的结合，容貌不是唯一标准，你的性格、身价、圈子都是重要的评估指标。

当人们不用年龄和容貌去衡量一个女人，那么，这个社会就真正进步了。

我送你离开，千里之外

我曾听一个朋友阿良给我讲述他和初恋女友的故事。尽管时过境迁，细细品味，这样的爱情往事因一分浪漫的少年情怀，而显得格外细腻动人。

阿良说，他和初恋女友小雅的相识，缘于一次非常偶然的相遇。

如果那个普通的冬日下午，他没有在校园那条林荫小道上散步，名叫小雅的女孩如果没有急匆匆赶着去校电台，或许他们根本不可能相识，也就不会有接下来知道了她的电话号码，与她一步步接近和相恋的故事发生。

原来爱情真的只是偶然的。柏拉图的《会饮篇》里有这么一个传说：很久以前人类是两性同体的，上帝把他们分成了两半。于是从那时开始，这两半就飘荡在世界的每个角落，他们相互寻找。爱情，是对失去的另一半的渴望，但是总有人没能找到另一半。

阿良说他就像《生命中不能承受之轻》里的托马斯，背叛了爱情的“非你不可”，跟着这个一切源于偶然的女孩走了。

谁的青春不疯狂呢?

青春就是要为一个人奋不顾身。不是这个人，就是那个人。

无论是谁都不重要。重要的是曾经有过这么一个人，让你如坠地狱如上天堂,让你品遍甜蜜尝尽哀伤……多年之后才会化作一个符号，充当青春的标识和注脚。

阿良和小雅的第一次远走他乡，是在大学毕业后，他们一起去了南京。

这个六朝古都，有无数名胜古迹，有动人的英雄故事和旖旎的爱情传说。给了这对恋人无限美好的想象，他们会为每去一个新鲜的景点而欢呼雀跃，会为每一个感人的传说故事唏嘘不已。

因为年轻，因为相信生活还有诗与远方，他们可以忽略眼前的诸多苟且。

比如阿良考上了研究生，却时时对未来感到迷茫，还因涉世不深，交友不慎还被骗数千元；比如小雅刚入职场，是不被重视的菜鸟，拿着低得可怜的薪水，还因租房时遭遇无良二房东，屡被欺负……

尽管现实与理想总有出入，但是因有爱情力量的支撑，他们找到了生活在这座城市的勇气和希望。他们开始熟练的来往于这座城市的大街小巷，甚至还想着将来有一天，要在这里买房安家。

但令人没想到的是，很快他们不得不面临第二次分离。

那年，小雅被公司调到遥远的福州工作半年，阿良却无法跟随。

阿良送小雅走之前的那个下午，他们跑到秦淮河畔，听着当年流行于大街小巷的周杰伦的《千里之外》，心事满腹。

这么长的分别，他们还没有经历过，那时，还在读研究生的阿良，正在为毕业论文、实习发愁。小雅的工作其实也是飘忽不定，忽南忽北。

他们的未来，经不起谁来拆。

我要送你走，你却不说话。害怕一语成谶。

那个纸鸢满天飞的下午，我们望着画舫一艘艘离开，背对背坐在秦淮河畔的柳树下，反复地听着《千里之外》。

梦醒来 是谁在窗台 把结局打开

那薄如蝉翼的未来 经不起谁来折

我送你离开 千里之外 你无声黑白

沉默年代 或许不该 太遥远的相爱

我送你离开 天涯之外 你是否还在

琴声何来 生死难猜 用一生 去等待

阿良轻轻地哼，与天空对视着，一如更加遥远的从前。

小雅说她听到了风在叹息，阿良说那是他在感慨。

当时阿良想，我们的爱情还会那么古典、隽永吗？

后来，阿良去福州看望小雅，坐的是24小时的硬座，心急上火导致他嘴上起泡，到了福州时已是疲惫不堪。

可即便他来到了那座城市，小雅由于很忙，也没有时间陪他。

阿良一个人去看了“三坊七巷”，一个人深夜爬了鼓山，一个人给很多古老的榕树拍照，一个人对着涌泉寺里一尊泥塑发呆。

之后，他又一个人坐24小时火车回到南京。

正如有些人所说，有多么颠沛流离的青春，就有多么安稳静好的中年。

五年后，阿良结婚了，新娘不是小雅，安家的城市也不是南京。

小雅，那个善良爱笑的女孩，以及那份纯真美好的记忆，永远地留在了南京。

回忆过去，当我们连自己的未来都无法保障时，对爱情的承诺是否有些信誓旦旦。

时至今日，阿良再也没有听过《千里之外》，尽管旋律在今日听来依旧婉转动人；他也没有再去南京或者福州，尽管城市变化越来越亮丽迷人。

阿良的这段初恋故事，我仔细回味了很久，每次都被一种满怀青春气息的感伤呛到。

爱情很短暂，而遗忘太长久。

正是因为不长久带来的遗憾，才会长久得令我们难以释怀，是暖心的感动也好，是忧伤的回忆也罢，往事如烟，诀别过去，自此天涯不相问。

是的，自此天涯陌路人，相逢一笑不相问。

一样是飞刀，岁月对女人是摧残，对女王却是雕琢。自信优雅的女人绝不会老，她们经历的风霜只会催熟心智，开放最雍容的花。

与岁月干杯，与往昔重逢，人生的每一个阶段，都是礼遇，而不是遭遇。

女人你可以老去，但不能枯萎

前几天约朋友去打羽毛球，在球馆内看到的大多是二三十岁的年轻人。有一次，我很惊讶地看到一个一身红衣、满头白发的老太太也在打球。

中场休息和她聊天的时候，才知道她已经五十多岁了，退休后喜欢上了旅游和运动。除了不定期和老伴外出旅游之外，她的业余时间就是打打羽毛球、爬爬山。此外，她还加入了一个户外运动俱乐部。

老太太的精神状态非常好，体能尚佳，一口气打球 20 分钟都不觉得累，这让我们这些稍微运动一下就感觉全身酸痛的年轻人汗颜。我们这些年轻人，正当风华正茂的年龄，可精神大多萎靡不振，体质较差，跟这位老太太相比，我们显得相形见绌。

在中国，很多女人年过二十不再谈青春，年过三十不再谈年轻，年过四十，无论曾经如何花容月貌，都不再谈姿色。很多人都说女人如花，过了最美的季节便会枯萎凋零，要想永葆青春，容颜不老，那是痴心妄想。

但凡跟上了年纪的女人聊如何打扮自己，她们总会说："唉，老了，打扮也没用了！"外界对这些上了年纪的女人，也往往如此评价：都这岁数了还打扮个什么呀，越老越不正经……在人们的审美意识中，美丽只能赋予年轻人。年龄一大，仿佛就不该美丽，也不能美丽了似的。

为什么年轻的时候爱美，年长一点儿就不想再美丽了呢？已经过了求偶阶段，不再需要向异性展示美丽外表，就可以无所谓地放弃自己吗？那女人究竟是为自己而美丽，还是为男人而美丽，女人真的是为悦己者容吗？

法国有句谚语：女人即使老去，也不会枯萎。中国女人为男人而美丽，法国女人为自己而美丽。换句话说，中国女人美丽是为了求偶，法国女人美丽是为了自我。

这也是为什么大部分人对年老而依旧美丽的女人的记忆，大都来自外国女人，尤其是法国女人。

对于她们而言，一枚胸针和一条丝巾就能透出她们的优雅，年龄再大踩着高跟鞋也依旧能迈出最有韵律的步伐。年龄再大，她们也会选择合适的发型，再抹上鲜艳的玫瑰唇，喷一点淡淡的香水，抬头挺胸面带笑容地走在路上。

法国女人每一个年龄段都很美，因为她们明白该怎样面对自己的年龄。沿着巴黎的大街走一圈，你就会发现，男士们欣赏的目光不会只献给35岁以下的女人，尊重熟龄女性被称为“巴黎的美德”。

当法国女人正值青春时，她们恣意放纵。奥黛丽·塔图在《天使爱美丽》里扮演的Amelie，代表着巴黎式的浪漫和古灵精怪。红极一时的法国女星简·伯金，仿佛永远拥有二十多岁的少女气质，微笑时大牙齿之间泄露的童真，还有那独特的英语腔法语都让人印象深刻，她与丈夫赛日·甘斯布一直是法国文艺界最富有传奇色彩的夫妻档。

当法国女人中年时，她们的魅力开始勃发。布吕尼41岁时依旧活色生香，作风新潮大胆、辛辣前卫。从影30年的于佩尔，人到中年，从一个满脸雀斑的红发小妮子，脱胎换骨成为令人倾倒的冰山女王。

法国女人可以老去，却从不会枯萎。法国影后德纳芙如今快70岁了，却依然活跃在影坛，散发着魅力。女学者波伏娃，尽管与萨特拥有漫漫50年的爱情长跑，但她个人无论在私生活，还是公共生活上都始终保持着激进的态度，既有对真爱的对撞与吸引，又有对生命欢悦的体会，这使她成为一个名扬天下、耐人寻味的大师级名女人。

法国女人，一定会美丽到老。优雅地老去，是一种对生命的尊重。不论处于什么年龄，她们都要充分展现自己追求美的权利。这种自信，让她们看起来活力四射，魅力无穷。

中国女人尽管普遍缺乏美丽到老的信心和追求，但是也有赵雅芝、刘晓庆、巩俐、张曼玉等大龄女星，能够跨越时光的限制，活得自信挺拔，如同一棵屹立不倒的常青树。

她们始终如一的微笑温柔了岁月，陶醉了别人。当人生到了后半段，气质远比长相更重要。她们与岁月握手言欢，相拥着一起往前走。一样是飞刀，岁月对别人是摧残，对她们却是雕琢。

都说赵雅芝是不老女神，完全不像62岁的人，她举手投足之间只有优雅，没有衰老。如果单纯是靠化妆品来掩盖，我相信，她无法得到这样的美誉。赵雅芝的年轻，在于她的优雅、气质和智慧。做一个漂亮的女人很容易，做一个气质优雅的女人很难，做一个已经老去但没有枯萎的优雅女人更难。

美丽永不言弃，它需要对自己多一分关心，多一分要求。

双唇涂上口红，每天神采奕奕地走出家门；无论走在哪里，腰身傲然挺起；无论面对何人，永远展露得体微笑；辛勤劳累之后，掬一捧清水洗净脸庞；走出厨房后，为一双手精心擦上护肤霜；面对各种诱惑时，懂得节制和拒绝；面对成败荣辱时，永远神情镇静、淡定如水。

相由心生，是岁月给每个人的一种馈赠。

保持年轻、积极而又智慧的生活态度、性格、习惯，岁月自然会格外厚待你们。即便有一天老了，也绝不会枯萎，只会更加优雅。

心中有田野，处处有诗意

豆瓣上曾流行一篇文章《世间万物，唯有美食与爱不可辜负》。讲一个年轻姑娘和美食有关的记忆，内容独一无二，情愫汹涌。其表达的中心思想是：人生的酸甜苦辣咸，我们都在欣然等待。

不过今天我想说的是，充满烟火气的生活固然让人心生踏实，但人都会有诗意的一面。

就像高晓松说的，每个人都有弯腰捡起六便士的时候，也有抬头看天上月亮的时候，这无关乎有钱没钱。天上那轮永远免费的月亮，就是诗和远方。月亮和六便士伴随我们一生，这是人和动物的根本区别，就像无论贫富，人们都需要音乐一样。

记得几年前，我去上海出差，忙完工作后去看望住在这座城市的闺蜜。

闺蜜的房子是租来的，在张江高科地铁站附近的一片居民区里。

出了地铁站，闺蜜过来接我。我们走过大大小小的几条马路，拐进一个老旧居民区。我发现这里的环境还挺安静，偶尔从路旁的树后还会窜出一只流浪猫来。

当我们走到闺蜜房子门前的过道上时，我发现闺蜜门前放的是几盆绿植，对门堆放的却都是杂物。当闺蜜打开房门，仍有绿植映入眼帘，清新的花香扑面而来。

闺蜜的房间也布置得特别干净、整洁，充满小情调。看得出来，墙纸、灯都是新换的。沙发上铺了田园风格的蓝色碎花布垫，茶几上铺的是蓝白相间的桌布，果盘和茶壶井然有序地摆着，几支百合花开得热烈芬芳。

卧室非常明亮，碎花窗帘迎风飘起，阳光洒满了一地。窗户旁放着一张精致的书桌，简易地搭起一个小书架，散放着几个手工玩偶。阳台上是闺蜜自己打造的小花园，一排排小多肉植物摆放在蓝色的木质花架上，生机盎然。

中饭是闺蜜自己做的，香辣牛肉、油焖大虾、西芹百合、水煮鱼……美味可口，秀色可餐。饭后我们坐在阳台的椅子上聊天，下午四点我陪她去上瑜伽课，晚上我们还去听了一个国学讲座。

当时刚入职场的闺蜜，工作很忙，薪水也不高，但是工作再累她也有让自己保持愉悦的能力。她的男友刚从深圳跳槽来到上海，周末还经常忙着加班，但他们俩的生活依然井然有序，没有一点儿狼狈的样子。

能不能从生活中寻找诗意、发现美，和有多少钱其实没有多大关系，也和城市大小没有关系，只跟这个人本身有关。

闺蜜是个会在生活中寻找诗意的人，心中有诗意，就处处是田野。闺蜜说，花3000块钱租来的房子，如果过成了300块钱房子的品质，那这钱也就浪费了。房子是租的，生活却是自己的，多花一点儿钱把租来的房子变成家，保持身心愉快，岂不美哉。

其实人都会有诗意的那一面，不管这个人是谁，多大年纪，什么职业，他们都会有这种精神上的追求。而这往往会被人所忽视，就像没人相信一个在小区里拉家常的大妈能弹一手好钢琴，没人相信在公园见到的一个老大爷能流畅地吟诵一首王勃的《滕王阁序》。这和充满人间烟火气的生活实在相差太远了，谁能想得到呢！

台湾散文名家张晓风曾经有一篇散文《母亲的羽衣》，甚为打动人心，写的是每一个普通的母亲，在她的天真的小女儿看来其实都是仙女变的。尽管大部分母亲不承认，但是她知道是她自己锁住了昔日的羽衣，褪去光泽，换上了人间的粗布，因为她已决定做一个母亲。

这个曾经的仙女，她不能飞了，也不忍飞去，因为眼前有她最深最重的牵绊和期望，但是，这不代表一个母亲内心深处没有想成为仙女一样的女人的追求。

不囿于厨房和对全家人的关爱，也要去看看远方的山和海。诗意这种东西，或许很多人觉得应该属于年轻人，属于在诗里行间行走的人，而不是属于一个家务琐事缠身，每日在厨房忙忙碌碌的母亲。

朋友年轻时曾对绘画感兴趣，学生时期还画过数不清的栩栩如生的画，虽然结婚后这个爱好被迫放弃，但是当她有了孩子，在培养孩子兴趣爱好的时候，她意外发现，自己居然可以和三岁的女儿一起拾起画笔，重温往日的热情与梦想。于是每个周末，她和女儿一起上绘画课，每天晚上陪女儿一起完成一幅画作，这竟然成为她目前生活中最大的乐趣。

正是诗意和远方，让这个世界变得更美，变得在烟火气外还有其他一些气味，让人在囿于厨房和照顾全家人的时候，也能去欣赏远处的山和远处的海。

也只有诗意和远方，把我们这些凡夫俗子从生活中拉出来让我们不必时刻匍匐在生活的泥涂中。当抛开现实生活中一切烦恼和不如人意，你会发现，日子能在黑暗中发出光来。

怕就怕,有的人困顿于眼前的苟且,还要拿否定远方来寻求安慰。或者顶着诗和远方的冠冕，行的却是苟且之事。

我们都是普通人，追逐具有灵性而美好的万物，需要坚持不懈地跋涉。而途中最大的障碍，或许就是眼前的苟且。

诗人穆旦曾经写过：“但如今，突然面对着坟墓，我冷眼向过去稍稍回顾，只见它曲折灌溉的悲喜，都消失在一片亘古的荒漠，这才知道我的全部努力，不过完成了普通的生活。”

我们走过山河湖海，登过高山，穿过沙漠，流连忘返于艺术馆、科技馆、博物馆，都曾为大自然的鬼斧神工、天地造化及人类世代创造的智慧结晶惊艳不已。

当从诗和远方回归生活的蝇营狗苟，我们也无须太烦躁，至少我们已经见识过。“生活不止眼前的苟且，还有诗和远方的田野。”我们也热忱地希望，“赤手空拳来到人世间，为找到那片海不顾一切。”

乡愁，靠自己才能穿越的黑夜

岁月更迭，多年的异乡漂泊，使得记忆深处的故乡只剩下一些支离破碎的景象。之所以这样是因为亲人们的四散分离，也是因为我五六年不曾回去。

临近年关，我再次怀孕，因为无法回老家，心里的失落日益浓厚。思乡心也愈发迫切，除了思念老家过年时那浓浓的年味，还思念令我魂牵梦绕的舌尖美食。于是，我便网购了很多在家乡过年时才会吃到的年味，比如腊鱼、腊肉、糍粑、手工鱼丸、豆果、年粑等，以解思乡之苦。

当下厨烹饪这些记忆里儿时的美食时，我忽然有种想流泪的冲动。记忆深处，是妈妈在热气腾腾的厨房里为我们准备年夜饭的身影，是全家人围坐在一起吃萝卜鱼头火锅的欢声笑语，是大家在火盆旁取暖嗑瓜子看春晚的场景……这乡愁，并不是简简单单的“回不去的旧时光”就能概括和表达的。

回想故乡那条商业街上的一溜小摊贩，仍记得哪家早上豆腐脑最好吃，哪家晚上烧烤臭豆腐最地道，哪家店买米买菜童叟无欺……那条街上站着许多看着你长大的人，他们还是当年质朴的样子，不曾改变过。只是在这条街之外的世界，早已变了模样。

懂得了成长的烦恼，那不过是成年人悲伤的开始；当你深刻体会到乡愁，那才是萦绕你心头挥之不散的悲伤。

成年人的悲伤有千万种，只有乡愁最能引起共鸣，任何人概莫能外。

那悲伤是，从此以往，再熟悉的城市，也无法与脑海中的那个江边上的小城相比拟。

那悲伤是，从此以往，任凭住过怎样的高楼大厦，也无法与记忆中盛满童年笑语、少年忧愁的老房子相提并论。

那悲伤是，从此以往，任凭海阔天空鱼跃鸟飞，也无法回到过去，再睹春天田野里的油菜花、夏夜里的星空和萤火虫。

那悲伤是，从此以往，任凭你如何想念，却没有办法向任何人述说那些离愁……

那年，心怀梦想的姑娘去远方求学。当姑娘挥手和亲人说再见，火车缓缓启动时，站台上的一对老人相拥而泣。多少年后，看电影《疯狂动物城》，当看到兔朱迪外出闯荡在火车上与父母告别时，姑娘立刻止不住地泪水滂沱、泣不成声。此情此景会让你想起当年父母神情落寞地站在火车的后方，一次次眺望着你远走的身影。

那年，拥有心上人的姑娘要远嫁他方，一个人带着二十几年的亲情、友情、乡情去另一个地方，重新创造一种生活。之前的一切，都成了过往。似乎你从来没有来过，又或者你悄悄来了又默默地走了，带走的是父母心上的那根线，将其放到了你生活的地方，来来回回地扯动，每一次牵扯都是深切的思念。

那年，怀胎十月的姑娘终于当了妈妈。亲朋好友纷纷来祝贺，突然你接到了发小的祝福电话。几句话之后你鼻子发酸，哽咽地说不出来话来，只得匆匆挂了电话。这眼泪并不能说明什么，只是相隔千里，很多东西无力抓牢最终会失去。十几年甚至二十年的朋友只能无奈惜别，一南一北相见无期，偶尔电话里的简单问候，只不过在一次次提醒你：事隔多年，你只能回忆当年的友情，最终他们都将成为往昔的风景。

奔波数年，辗转多地，沿途风景即使再美，也不抵故乡的一草一木、一花一鸟。乡愁犹如潮水，一浪一浪拍过来，抚慰着疲倦的心灵。

很多时候，你感叹这些年失去太多了。每每心底很累、充满委屈时，你很想给母亲打一个电话。可是，你又害怕听到电话那头母亲因思念而哽咽地哭泣。

或许你觉得这些年还是收获了很多，家庭幸福美满，事业有成，可每次经过一些老人锻炼场的时候，你会觉得心里总是少了些什么。少的是与父母后共渡半生的权利，是环绕在父母膝下，听他们对岁月往事的唠叨、对儿孙们殷切叮嘱的幸福。

总有一天，你会明白，当年是少年不知愁滋味，让你远走他乡、奔赴天涯，以为世界尽在自己的掌握中。多年光阴倏忽而过，你掉到乡愁编织成的网里，挣不脱、逃不掉，明知已经没有一条路能带我们回去，但还是在这张网里一次次地东张西望，寻找出路。

无法言说、无法排遣、无法分享的孤寂，忽然袭来，让我们犹如置身漫漫黑夜，我们不断前行着，走到没有亲人为你抚平蹙眉、展露笑颜的世界里去。这是远走他乡的女儿必然要面对的命运，必然要穿越的时光之海。

行走天涯，不要把那些朋友走丢了

漫漫人生中，我们会因各种际遇，相识很多人——发小、手足、同窗、哥们儿、知己、闺蜜……

究竟是谁，人走弦断，杳无音讯，空留终生遗憾?

究竟是谁，无意间留下伤害，成为彼此不可替代的痛?

究竟又是谁，是一辈子的挚友，相互扶持，相伴一生?

又有谁能一句话说得清，到底什么样的人才算是朋友?

有人说，成年人在感情中得到的慰藉，需要坠入黑暗之中，保持静默不语的容量，才能显示它的端然与严肃。

这句话让我想起，在往昔岁月里结识的三个女孩以及她们曾经给我的温暖。因她们的存在，我才能看到世间风月清朗，不觉孤单。

第一个女孩，是我在与人合租时结识的新疆女孩。

那时，我刚毕业参加工作，经济拮据，只能与人合租。尽管合租带来诸多不便，可也有幸认识很多朋友，她就是其中之一。

她性格忧郁，善感多思，与我颇为合得来。我们之间细微的默契与快乐，夹杂在琐碎的日常生活中，随处可见光彩灼灼。

我们一起看杂志《上海一周》《万象》，一起参加圣经学习会，一起去看电影《伯爵夫人》，还彻夜讨论傅勒和爱默生之间的感情故事。

我至今难忘的一个场景是，在不太明亮的台灯下，她很专注地给我念书中一段描写傅勒的话：

“那天，傅勒去看望爱默生，周围的果树开着灿烂的花，外表坚强见多识广的她，内心里依然有着柔弱与浪漫，灿烂的季节反而让她悲从中来：它们都开花了，为什么我却还没有开放，我的质地如此粗糙，我真恨为什么我没有变得那么美丽！”那年傅勒已经三十七岁了，爱情不幸，没有婚姻……

后来她离开我们的出租屋，离开我们生活的城市，一直孑然一身，静默不语，后来我们慢慢失去了联系。

在我的追忆里，她就像一朵曾经让我兀自惊叹的花朵，最后飘落在流水之上，不知去向。

第二个女孩，是瘦小而泼辣的小璐，她是我在第一份工作中结识的朋友。

她虽然瘦小但意志力强大，虽然泼辣却对朋友细心体贴。彼时，她对初来乍到的我比较关照，有时带着我去逛街，有时会拉我去她家吃饭。

我知道小璐的两段感情。她第一个男友家境不错，职高毕业，还是当时公司老板的亲戚。男友虽然对她挺好，但是心高气傲的小璐对他的学历和职业并不满意，最后两人因为一件小事分手了。她的第二个男友学历高，长得帅，性格看上去也比较沉稳踏实，小璐对他特别满意。几经破折，两人终于买房结了婚，不久还生了个可爱的女儿。

后来，我换了工作，与小璐见面少了。本以为她的生活会一直这么幸福圆满，可在某天听说，她和丈夫不知为何竟然离婚了。

离婚后的小璐与我慢慢断了联系，我找她好几次，她开始是找借口不见，后来连手机号都换了，听说她带着孩子回了老家。

漂泊的生活，流动的工作，使得人与人之间的关系，犹如浮萍一般没有根基，随波漂荡。

我不知道是不是因为感情问题，使得我和小璐从并肩无暇，到心生间隙。我们就这样越走越远，越走越疏离。我明白，没有谁能有权利要求别人，“我在不在你身边的时候，你一定要在原地等我！”

第三个女孩，是我少年时代的闺蜜，我和她的友情持续了很多年。前一段时间，她在上海生了二胎。

越单纯的时代，越单调的环境，友情似乎就越深厚。我曾经以为我们是一辈子无话不谈的好朋友，从中学到大学到毕业后，从初入社会到嫁人生子，乃至以后的时光漫漫我们都会是无话不谈的挚友。

可我都已经忘了从何时开始，我们有了隔阂，少了交流，还曾经断了联系。即使后来慢慢又建立了联系，但交流却明显减少，有些话已无从说起，有些倾诉只能留在心里。

也许，就是在这样一个忙碌无暇他顾的时代，使得多年的情谊逐渐变淡。她的婚礼我没有时间赶回老家参加；她跟着老公来到上海，我困顿于自己的感情，没能陪她适应新环境；她生了第一个孩子，我还无知无觉，沉浸在自己陀螺一样旋转忙碌的工作中；如今她生了第二个孩子，我感念过往，很想去看看她和她的两个孩子。

我记得有很多次，说好了的事情，被我忘到九霄云外；我还记得有好几次，在最后时刻，我无情地取消了我们一再改期的会面。

虽然每一次我都在心里面说，没关系，一辈子那么长，我们有一辈子见面的机会，可是半辈子都快过去了，我们的见面却日益稀少。

彼此之间的推辞，让我意识到，一辈子尽管漫长，但情感的保质期却有限。朋友是一个模糊而不确定的概念，没有定义，没有条件，没有范畴，凭的就是个人的感觉。

生存不易，我们像负重的蜗牛，咬牙拼命，埋头前行。我们有太多要去努力的明天，有太多要去打拼的前程。很多时候，我们无法控制自己的脚步，无法和曾经的朋友步履一致向着同方向前行。

无论是处心积虑，还是无心无意，朋友总在亲亲疏疏、远远近近、散散离离中来来往往。夜深人静的时候，蓦然回首，扪心反省，谁能说："这一生，我从没有负过任何人？"

因为种种理由，回不去的朋友，在很多年以后，也许会抹杀掉今天的痛楚。但是，在回忆的另一头，我们依然心无旁骛的谈笑着，一起勾肩搭背地走着。

不管怎样，跟她们的感情，于我而言，是一种财富。纵使没有一辈子的快乐，至少我们曾经相遇过。

十年相聚，与少年的我们重逢

引用 Z 同学的一句感慨：感谢这个时代，让天涯若比邻。

在热心同学的组织下，大学毕业 10 周年聚会，终于在 2016 年“五一”如期举行。

多年不见的同学，有从本省各地赶来的，还有从北京、深圳、湖南、湖北等外省赶来的。天南海北，相聚一堂，只为了追忆往事，把酒言欢。也可以说，我们是在尝试另一种可能——与少年的我们重逢。

10 年聚会，让人想起 10 年前的毕业散伙饭。彼时，20 岁出头的年轻男女们，慷慨激昂，说着信誓旦旦的誓言，谁能想得到命运会如何纠葛呢！

在历经岁月的流逝和社会的磨砺之后，我们明明知道有些东西回不去了，但与少年的我们重聚时，我们依然可以放声大笑，在把酒言欢中流下眼泪。

尽管聚会只来了不到一半的同学，尽管有人因事耽搁来得很晚，尽管有人短暂现身后又提前离开，但这并不妨碍大家回首张望10年之前。无论如何，这都是人生旅途中的某种神圣的仪式，意味悠长。

聚会的第一站是在当年的北校区，我们逛完青青校园后，就在附近找个地方撸串儿。

烤串儿的鲜香、扎啤的浓醇混杂在一起，沉醉了每个人。相隔10年的陌生和隔阂，在热烈的烟熏火燎中，在夏夜微醺的晚风中，荡然无存。

如今已过而立之年的同学们，或许前一天还在家庭和工作的烦扰中蹙眉郁闷，今天却勾肩搭背，把酒言欢，仿佛只剩下少年时代最纯粹的快乐和忧伤。

第二日酒醒之后，我们徜徉在大学城校区的林荫大道上。一行人慢慢走去图书馆、自习室、食堂、湖畔小路或交谈或思索，脚步不曾停下。教室里，我们拿起粉笔在黑板上画写回忆，欢笑着穿梭过一排排桌椅。我们嘲笑少年的无知，也羡慕青春的张扬，我们嘲笑岁月的苍老，也得意于成熟的魅力。

傍晚时分，夕阳的余晖逐渐隐去，所有人都在广场上留影合照，嬉笑打闹成一团儿。

与少年的我们重聚，每个人都带着这10年来的岁月痕迹。当年的班干部，大多成了公务员，他们时不时会在群里讨论共同的话题，最近要迎来上面什么检查，要撰写什么公文材料，某新政策颁布对他们带来的影响和冲击等等。当年对英语狂热的同学，要么在外企，要么在国外呼吸异国的空气，跟金发碧眼的老外们打交道，与国际接轨。“大众创业、万众创新”的新浪潮下，也有不少同学走上了创业之路，起步或早或晚，也都有了一番成就。总之，想成就一番大事业的仍在奔波劳碌，随心漂泊的一直安详淡定。而我，进入地产这一行之后便没有太多的选择，闲暇时与文字为伴，也算是另一种寄托。

大家再次坐在一起，是在酒店的晚宴上。有人说，与故人叙旧其实没有意义，有的只是一片荒芜之感；还有人说，人若变老，就会无情，所有快乐的相聚，不过是在见证曾经年轻的岁月，美若春风，短暂如朝露。然而，有些人，走着走着就不见了；还有一些人，走着走着，又在路口集合了。

晚宴的最后，老师和很多人都喝醉了。据说还有人觉得不够尽兴，趁着酒意，在月光下的操场上一圈圈走着、呼喊着、痛哭着，直至下半夜。不怕被人看到情感的脆弱，反而能让别人得到更多的感动。

恍惚之间，那个外表热情、风风火火而内心敏感多思的小女生真的出现了。

我看到，在校园的林荫道上，她朝我大方一笑；我看到，在图书馆的阅览室里，她翻阅着一本本西方经典小说；我看到，在外系的旁听课堂上，她执着地做着关于文学、哲学、美学的课程笔记；我还看到，她窝在宿舍床上昏天黑地看老电影，红着眼睛泣不成声，惹来室友的打趣……

恍惚之间，那个小女生进入社会后一点点儿长大了。我看到，她一脸懵懂、不管不顾地在实习的杂志社里连番闯祸；我看到，她初到南京居无定所、经济拮据，但却很少为现实发愁总是满脸笑容；

我看到，她与男友一起看话剧、参加文艺沙龙，生活丰富，内心充盈；我看到，她与同事们一起爬黄山、玩漂流，在雨后云雾蒸腾的黄山顶上披着雨衣等待日出；我还看到，她回到济南结婚生子，在稳定的工作和生活中、在梦想与现实的纠葛中，一步步地跨过30岁的门槛……

与少年的我们重逢，让脚步继续。

与少年的我们重逢，任泪水滂沱。

回首这10年，我终于明白，在人生的不同阶段，我们都应该珍惜并善待生活的每一次礼遇。

管它深刻与否，只要不离不弃

济南的冬天，北风袭人，寒意刺骨。

闺蜜带着老公、儿子来我家吃火锅。热气腾腾的火锅，飘散着北方汤料浓郁厚重的醇香。在暖气充沛的屋子里，我们边吃边聊。

我和闺蜜同龄，我们的先生也同龄，就连我们的孩子，也在同一年出生。

闺蜜和她先生都是古道热肠的人，曾经给我们莫大帮助。

因为在同一个小区购房，我和闺蜜是通过小区业主群认识的，在网上很快变得无话不谈，却一直没有见过面。

那年，我和先生刚搬到现在的小区。北方的冬天即将来临，新房的暖气却未开通，这对我们是很大的考验，因为那年我刚刚怀孕。闺蜜听说我家的难处，立刻邀请我们去他们家暂住过冬。我深觉诧异，这么热情的邻居，之前从未遇到过。

小区里各楼座交房时间不同，当时她家所在的楼座因为入住较早，已经提前一年通了暖气。不管住不住，总要感谢人家一番美意。晚上，我和先生去拜方这位邻居。这是我们第一次见面，之前，大家只是在网上交流，但却并不觉尴尬，兴致盎然一直聊天到深夜。

后来，他们一再邀请我们到他们家暂住，我们怕给他们添麻烦，就一直没有答应去。

天气开始转冷，我的孕期反应也渐趋严重。最终，在闺蜜和他先生的一再邀请下，我们住到了他们家。

自此，我和她成了频繁接触的朋友、无话不谈的闺蜜。我们并肩上班、逛街，一起买菜下厨，一起追热剧、看电影、做手工，心无芥蒂，彼此欣赏。最意外的是，我们入住闺蜜家没多久，闺蜜居然也怀孕了。听到这个消息时，我持续兴奋了很久，原来“孕气”真的可以传递。

女人之间的友情，是很多不确定因素的契合，往往一语投缘，一拍即合。如果三言两语说不到一块，只会就此别过。

我们的友情，从孕期的相互交流，到产后的轮番吐槽，再到育儿交流，乃至共同见证孩子进入幼儿园后的成长，一路走来，如沐春风。

女人之间很容易成为朋友，她们很容易因为小事闹翻，也很容易因为小事和好。她们之间感情自然、简单，从中得到的幸福不是拥有，而是分享。闺蜜就是身边那个可以分享的人，无论欢乐，还是悲痛；无论富贵，还是贫穷。

检验女人之间友谊的深浅要看她们之间到底有多少可以互换的私密，有多少可以共同评头论足的八卦人物与热点事件。

真正的闺蜜，不会从你身边凭空消失，不会在你危难时半路离席，更不会在你生命里中场退出。她们就像那沙发上软软的靠垫，随时成为我们的依靠，柔软、沉默、温厚，在背后温柔地支撑着我们。

真正的闺蜜，当其中一方遭遇难过与绝望时，可以向另一方哭诉两三个小时，敞开胸怀，毫无顾忌。

真正的闺蜜，她们懂得，在人间烟火里互相取暖，分享和共同承担生命中那些点点滴滴的快乐和忧伤。你了解我所有得意的东西，才常泼我冷水，怕我得意忘形；我知道你所有丢脸的事情，却守口如瓶，为你美好的形象保密。

真正的闺蜜还懂得，女人之间的友谊有点儿距离，总是美的。还懂得要想拉近彼此的距离，共同走过一生，需要智慧与包容。还懂得除了需要彼此尊重与大度以外，也要学会彼此惜缘与祝福。

请你走在我右手边，不然我怕会失去你

朋友杰有一次喝醉了酒，跟我聊起了一段尘封多年的往事。

他说，曾经觉得这个世界上，有很多东西是可以控制的，比如什么时候发脾气，比如每个周末的一次郊游，比如选择什么类型的女朋友。后来他逐渐明白，更多的东西是不可控制的，比如一次莫名其妙的心动，比如一次突如其来的车祸，比如永恒离别的死亡。

可当杰意识到这一点的时候，他已经不可遏制地和一个名叫雯的女孩在一起了。

那年的他们，正值青春年少。

当时，杰有个哥们正在追求外语学院一个女孩，据说叫雯。但是最后阴差阳错，雯却喜欢上了杰。

刚开始杰不想因为这事得罪他的哥们，但最后发现自己的心还是被雯侵占了。

雯热情、活泼，杰不得不承认她是个很可爱的女孩子。时常沉默的杰，经常被雯感染。和她在一起，杰觉得他们每天都有说不尽的新鲜话题，如果她是一团火，自己就是一块逐渐被融化的冰。

两人在性格上是很好的互补，雯在生活上给予杰很多关心和照顾。各种细节的渗透，已经让杰离不开她了。

当然，不细心、不体贴的杰，有很多细节做得不到位，被雯埋怨也是有的。

比如逛街压马路时，雯就总是埋怨："大男生应该主动把女生拉在他的右边。女生靠马路内侧走比较安全。"

"是吗？"杰总是装出恍然大悟的样子。然后他从前面转到雯的左边，却趁势斜着走，把雯挤向路边。

"杰，你好坏！我以后再也不跟你出来了。"雯撒娇道。

可每次杰还是被雯硬拽出来逛街。

杰是大大咧咧的男人，一直觉得婆婆妈妈、拖泥带水不好。成大事者不拘小节。细腻如女生，将来怎么能成大事！因此，虽然杰真心爱上雯，可对雯爱计较小细节的脾气禀性还是抱有嘲讽态度。

星期五，两人上街买了大包东西，自然全是杰拎着。

雯吃着零食，走在杰左边，正好暴露在汹涌的车流前。

“杰，你真……我怎么说你呢？”雯吃着零食，脸上却并没有太多笑容。

“零食还堵不住你的嘴。我右手还要拎大包东西呢。你走在我右边，磕磕碰碰的多难受。”杰边走边说着。

当他们进入车水马龙的文化东路时，嘟嘟的喇叭声，让本已疲惫的杰心生厌烦。

“学校超市又不是关门大吉。以后在外面少买东西吧。”杰低头嘟囔着，自顾自地走着，浑然没有察觉已经逼近的危险。

“闪开！”不知雯从哪来那么大的力量，一下把杰推在路边的绿化带里。

惊慌中，杰看见一辆大卡车斜着从路的另一头奔过来，对着因拼命推自己而摇摇晃晃的雯直直撞过去……

“杰，每次我的话你都听不到心里，还开我的玩笑，但我并不真的生气，我很喜欢你调皮的样子。”雯被卡车撞死了。但她说的这句话一直留在杰的心底。

一年后，杰满怀愁绪，离开了校园。与此同时，雯的妹妹来到了这座“三面荷花一面柳，一城春色半城湖”的城市。

“姐总向我描绘这座城市的美和你的好。现在我来了，她又在哪？”她恨恨地对杰说。

“我……”望着这个长得酷似雯的女孩的脸，杰的眼泪止不住落下。

雯的妹妹的男朋友是学医的，每天功课很紧，杰便力所能及，给予她生活上的帮助。

杰变得很细心，仔细揣摩小女生每句话的含义和每种表情的指向。

每次陪着雯的妹妹逛街，杰总是说：“你要一直走在我右手边，这样比较安全。”

每个人感受爱的节奏是不一样的，杰的这段尘封往事特别让人伤感。

世上多少爱恨别离，当你喜欢我时，我还没有意识到你的存在。当你爱上我时，我才开始喜欢你，浑不知你的爱早已沧桑千年。最后，你抽身而走，我惊慌失措，才发现我失去的不是一个人，而是整个世界。

最深的一种绝望是，我爱上了你，满世界里找你，而你早已不在原地。

向你放箭的人，往往不是敌人，而是朋友

马丁·路德·金曾说过：“到头来，我们记住的，不是敌人的攻击，而是朋友的沉默。”如果你挨揍，朋友看着你挨揍却无动于衷，那么打人者、朋友，哪个更让你痛心呢？

有句话说得很好，最熟悉你的人不是你的朋友，而是你的敌人。与此相对应的是，最能伤害你的人，往往不是你的敌人，而是你的朋友。

有的时候，最危险的关系，莫过于你平时无话不说的好友、兄弟和闺蜜。

参加一个饭局，有些人彼此之间并不熟悉。为了避免尴尬，有人

开始聊起一个大家都认识的人。那人刚结婚，出国度蜜月还没有回来，自然无法参加这次饭局。

知道她过往情史的人，开始聊起她以前的感情故事，还说她根本没有看上现在的丈夫，领结婚证之前还和很多男人相亲。

还有的人说她刚结婚，就跟婆婆闹出了不愉快，硬逼着老公带她出国去度蜜月，这以后家庭矛盾肯定少不了。

比较了解她现在老公的人，也纷纷对她老公评头论足，说他不帅，家里很有钱，追女孩子很有一套，也不知道用的什么办法追上她。

大家乐此不疲，你一言我一语，将那两口子的事儿扒个底朝天，时不时哄堂大笑。

人若没有秘密，跟不穿衣服在街上裸奔基本类似。

这些人中，有人是那两口子婚礼上的伴娘，有人是新郎的发小。当初祝福的话，他们没有少说，如今仅仅为了不冷场，就将他们所知道的事情当作茶余饭后的谈资全都说了出来。似乎谁知道得多，谁说得多，就是一件多么有面子的事情一样。

这件事让我明白一个道理，与你所谓的朋友要保持一定距离，不能无话不说。因为谁也不知道以后你们关系会有什么变化，谁也不知道他跟其他人是怎样描述你的那些私事和糗事的。

小丁跟我说，从认识闺蜜小贾，到小贾结婚生子，她一直把小贾当成最知心的人。后来因为小贾结婚，两人分开多年一直没有见面。

某天，小丁偶然从其他人嘴里听到了她只对小贾说过的那些抱怨和伤疤。这些话，小丁只对小贾说过，没想到现在又从陌生人嘴里传回了自己的耳朵。

更尴尬的是，一些她对自己某个亲戚的怨恨，也传到了亲戚和自己父母耳中，弄得两家人好不尴尬。

那段时间，所有人都对小丁避之不及，好像对待瘟神一样。小丁也悔恨不已。

小丁说当初觉得小贾是最好的朋友，所以口无遮拦，跟她说了那么多自己私密的事情和想法，现在这些话全部曝光于阳光之下，人际关系降至冰点，让她好生苦闷。

有些朋友，在你最需要的时候陪伴你，安慰你，为了你不惜放弃一些东西。这样的朋友会是你一生的幸运。然而，也有一些朋友，看似与你很要好，很关心你，但会在关键时刻出卖你，陷害你。

从原单位离职后，我很久没有和以前的同事联系。后来有一天，我在街上偶遇旧日同事。我们一起吃了顿饭，席间聊到往日种种，感慨颇多。

当初，我与她的关系一般，每次见面仅是点头微笑而已。工作上有交集的时候，我们通力配合但也保持适当距离。

也许正是这种稍有间距的相处方式，让如今的相见倍感亲切；而原单位与我曾经来往甚密的一个同事，却在我背后放箭，迫使我离开了公司。

后来，那位曾经的亲密同事不止一次在他人面前，说到我的自以为是、不知进退。这些话更让我悔恨当初和她交往甚密，现在只能是哑巴吃黄连，有苦说不出。

一见如故、无话不谈有多亲密，翻脸无情、出尔反尔就有多容易。因为认可，才会疏忽；因为信任，才会不防备；因为在乎，才会心痛。原来，你以为的朋友，却并没有把你当朋友。

我曾经以为袒露胸怀、打开心扉是结交朋友甚至是知己的基础，但在不断交往的过程中，我渐渐发现，一个很容易打开心门谈论自己的人，往往也不太把别人的隐衷和私密当回事。正如富兰克林曾经说过，邻居可以相亲相爱，但是篱笆绝不能拆除。

仇人即便伤害你，报复你，也大多明刀明枪。他们希望真正打倒你，所以会用比较公平的手段对付你。但是朋友不一样，他们轻易不会伤害你，可是一旦他们要对付你，你一定死得很惨。所以，与其防仇人，还不如防你身边的朋友。

正如篱笆不能拆除，防人之心不可没有一样。不管是仇人也好，自己最相信的人也罢，都要小心谨慎对待。真正的友情和爱情类似，经得住时间、距离、环境的考验，其基础是忠诚，是任何情况下都会坚定地站在你身边力挺你的人。

所以说，下次向你的朋友吐露秘密之前，请三思，因为向你放箭的人，往往不是敌人，而是朋友。